植物这道美景

董仁威　徐渝江 / 编著

希望出版社

图书在版编目（CIP）数据

植物这道美景 / 董仁威，徐渝江编著 . — 太原：希望出版社，2024. 3
（萌爷爷讲生命故事）
ISBN 978-7-5379-8929-9

Ⅰ . ①植… Ⅱ . ①董…②徐… Ⅲ . ①植物—少儿读物Ⅳ . ① Q94-49

中国国家版本馆 CIP 数据核字（2023）第 201070 号

萌爷爷讲生命故事

植物这道美景

董仁威　徐渝江 / 编著

ZHIWU ZHEDAO MEIJING

出 版 人：王　琦
项目策划：张　蕴
责任编辑：张　蕴
复　　审：柴晓敏
终　　审：张　平
美术编辑：王　蕾
印刷监制：刘一新　李世信

出版发行：希望出版社
地　　址：山西省太原市建设南路21号
邮　　编：030012
经　　销：全国新华书店
印　　刷：山西基因包装印刷科技股份有限公司
开　　本：720mm×1010mm　1/16
印　　张：10
版　　次：2024年3月第1版
印　　次：2024年3月第1次印刷
印　　数：1-5000册
书　　号：ISBN 978-7-5379-8929-9
定　　价：45.00元

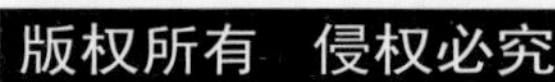

序

“萌爷爷”是谁？他是由科普作家组成的“萌爷爷”家族的“代言人”。

萌爷爷家族的叔叔、阿姨、哥哥和姐姐，他们是交叉型人才，是真正的“博士”。他们各取所长，有的将深奥的科学知识科普化，有的针对小朋友们的喜好将科普知识儿童化，还有的将科普作品文艺化，共同打造了一桌桌可口的知识盛宴。

如今，经过萌爷爷家族精心打造的第一桌宴席——“萌爷爷讲生命故事”问世了。

这桌宴席有六道大菜：《我们是谁》《我们从哪里来》《我们到哪里去》《动物这种精灵》《植物这道美景》《微生物这个幽灵》。

这是鲜活的地球上各种生命的故事套餐。人、动物、植物和微生物，是大自然创造的四大类生命奇迹。

《我们是谁》《我们从哪里来》《我们到哪里去》是讲人的故事的。这些故事运用前沿科学的最新研究成果，回答了人从一出生就关注的问题：我是谁？我从哪里来？我到哪里去？

这些问题太简单啦！你一定会这样说，从妈妈肚子里生出来，最后到火葬场，回归自然。是不是？但是，这个看似简单的问题，却被称为世界三大难题之一。现代人类从诞生到有了自我意识以后，就不断地问自己这样的问题，但直到如今也没有确切的答案。好在现代生命科学进展迅猛，它的终极秘密也一个个被科学家揭开，萌爷爷终于可以基于科学家的这些研究成果，试图回答这三个终极问题了。

《动物这种精灵》《植物这道美景》，是对生命的礼赞。

呆萌的大熊猫，古怪的食蚁兽，产蛋的哺乳动物鸭嘴兽，舍命保护幼崽的金丝猴，放个臭屁熏跑美洲狮的臭鼬，比一个篮球场还大的蓝鲸，先当妈妈后当爸爸的黄鳝，几十个有趣的动物故事保准会迷得你神魂颠倒。

美丽的花仙子，吃动物的植物，会玩隐身术的植物，能“胎生”的植物，能灭火的树，能探矿的植物，能运动的植物，“植物卫士”大战切叶蚁……几十个生动的植物故事保准会让你爱不释手。

《微生物这个幽灵》，让人类对这些隐形生命爱恨交织。它们制造了杀人无数的天花、鼠疫、流感等等瘟疫，是人类的天敌。但是，它们又为人们酿造美酒，制作豆瓣酱、豆豉、豆腐乳等美味，还能制造对付隐形杀手的抗生素。

哈哈，有趣的故事多着呢。

看了这些生动的生命故事，你不仅能增长知识，获得美的享受和阅读的快乐，还会情不自禁地产生要保护野生动物和植物，让人类与环境和谐相处的强烈愿望。

多好看的书！

哈，你已经迫不及待了吧？

萌爷爷不再啰唆，请你赶快翻开书，细细地品味这一饕餮盛宴吧。

开卷有益！

萌爷爷

前 言

生命女神有个大花篮，花篮里装满了鲜花、果实、根、茎、叶，是一个千奇百怪、姹紫嫣红的植物园。“萌爷爷讲生命故事”第五册就是带领小朋友们一起去这个植物园中寻宝探奇。

植物是人类赖以生存的依靠。我们吃的米饭、面食，是由水稻和小麦加工而来的。

有人说，只吃肉，不吃饭，这样算不算离开了植物？

可肉是从哪儿来的？猪、牛、羊要吃草，要吃蔬菜，它们吃的草、蔬菜也都是植物呀。

说来说去，植物就是给动物吃的吗？

当然不是，生命女神创造的世界是奇妙的，有些植物也可以吃动物呢。

植物本身也有许多有趣的故事。有的植物会走路，有的植物会发射炮弹，有的植物还拥有化学武器，有的植物在遭遇侵害时会向友军发出求救信号，还会向同类发出警报，让群体产生毒素，抵抗敌害。植物还有很强的自我修复能力，砍掉的大树能发新枝，大树受伤了，就像打仗一样，可以调用自己的细胞去包裹住入侵的病毒或细菌，并与其同归于尽，从而保护了大树的健康……

许多植物都有漂亮的枝叶、美丽的花朵，人们喜欢用植物来美化环境。了解一些植物知识，还可以丰富我们的生活情趣呢。

植物中的棉麻能让我们拥有舒服的衣被，植物中的大树能让我们拥有木质家具和实木地板。

其实，更重要的一点是植物能吸收人类和动物产生的二氧化碳，释放出人类和动物所需要的氧气。想一想，如果我们缺少了氧气，会有多难受。

据科学家研究，地球上的氧气主要来自海洋中的一种很小的植物——硅藻。

硅藻生长在大海中，它们虽然很小，但数量却很多。在远洋水域里，一片连成一片，铺就了最广阔的海洋“草原”。

硅藻靠自身的叶绿体，借助太阳能，吸收二氧化碳，呼出氧气。地球上有 70％的氧气是浮游生物释放出来的，而硅藻又占据浮游生物数量的 60% 以上，浮游生物每年制造的氧气约 360 亿吨。如果没有硅藻，地球上的氧气很快就会被耗干。

没有氧气，所有的生命也不会存在。

硅藻还是小鱼小虾的主要食物，而大量的小鱼小虾又养活了丰富多彩的海洋动物。地球上最大的动物蓝鲸，就是靠吃大量的小鱼小虾而生存的。

植物是不是很重要？

植物还有更多有趣的故事呢。准备好了吗？让我们一起出发吧！

目录

一、身怀绝技的植物

在生命女神的花篮中，植物之间也充满了竞争——为了争夺阳光、水分和土壤！

各种植物使出了浑身解数。有些植物身怀绝技，本领超群，会捕捉昆虫来当作食物，完成生存的需要；有的会释放“化学武器”；有的还会隐身……

要不，我们一起去看看？

1. 植物的绞杀

还是让萌爷爷带大家去热带雨林看一看那些惊心动魄的竞争场景吧。

啊，这儿的森林真茂密！高大的望天树手挽着手连成了一片，上层是高耸入云的大树冠，大树身上寄生着兰草、蕨类植物和苔藓，树下还有好多鲜嫩的绿色植物，有的叶子很大，有的开着淡淡的小花。

在这茂密的热带丛林中，植物为了生存而展开竞争，就为了争夺每一寸土地和每一缕阳光。

你瞧，那些攀缘植物沿着高大的树干拼命往上爬，它们想爬得比大树还要高，而大树呢，也在拼命往高处长，以便获得更多的阳光，变得更加强壮。

还有那些蕨类植物，它们附生在大树的中下部位，因为在这儿可以更多地获得一些阳光、流动的空气和足够的湿润度。

那粗壮的大榕树从半空向下伸出一条条气根，在空中吸收阳光和水分，然后一头扎进泥土里，嘿，这块土地都归它所有了，形成了独树成林的景象。

还有好多更激烈的竞争正在悄悄进行。瞧，那棵大树全身

缠满了藤蔓，而这些藤蔓并不是靠自己的根从大地里汲取营养生长，它们是寄生在大树身上，碰到大树的地方就生出根来，从大树上汲取养分。当它们越长越大，越来越强壮后，这棵大树就会被它吸尽营养，慢慢死去，最后成为一株枯树。加上热带雨林潮湿闷热的气候，使得死去的大树快速腐烂，最后变成了藤蔓植物生长的沃土，这就是热带雨林中植物的绞杀现象。

真的啊，瞧，那边那棵树就已经被绞死了。

原来，藤缠树是一种可怕的绞杀行为。

2. 吃动物的植物

你信不信，植物会吃动物？

告诉你吧，世界上有 500 多种植物能吃动物，不过它们大多数只吃小昆虫。

看，这种猪笼草多么漂亮！像是一株小草举着大灯笼，大灯笼里有特别香甜的蜜糖，小虫子被香甜的气味吸引，就会爬进灯笼里吃蜜糖，可是进来容易出去难，小虫子会被笼子里的黏液粘住，然后慢慢化掉变成植物的营养。

猪笼草生长在东南亚的热带森林里，长在灌木和乔木的枝干上。远远望去，这些枝干上仿佛悬挂着一些形状奇特、颜色艳丽的彩色瓶子。

这些瓶子的形状有的像胖胖的水罐，有的像细细的凉水瓶，还有的上粗下细，像个大漏斗。

这些瓶子有个共同的特点：瓶口向上，瓶子的上方有一个支起如遮阳棚的盖子。

猪笼草的瓶子深度可达 30 ～ 50 厘米，能装得下一只青蛙，甚至是不走运栽进来的小老鼠。瓶内黏液的化学作用，可把瓶囊变作死亡陷阱。

猪笼草

生长于婆罗洲丛林的莱佛士猪笼草，产生的甘蜜在引诱昆虫的同时，还形成光滑的表面，让虫子站不住脚。降落在瓶口边缘的昆虫脚底一打滑，便会立即滚跌进去。瓶子里面的消化液特质则完全不同，不似瓶口的液体那般滑腻，而是胶黏的。昆虫若想逃跑，黏液就会紧抓不放。

猪笼草因原生地土壤贫瘠，捕捉昆虫等小动物可以补充它生长所需要的营养，这也是生命女神赋予它的生存本领。

猪笼草中的许多种都是攀缘植物，能爬到几十米高的大树上，利用大树的身体，布下捕虫的天罗地网。即使在没有树木可攀缘时，猪笼草也能把捕虫袋放在地面上，可捕食到昆虫及其他小动物。

有趣的是，在东南亚地区，当地人会将米、肉等食材塞入猪笼草的捕虫笼中，放进锅里蒸，蒸熟的饭就叫“猪笼草饭”。猪笼草饭是当地的特色食品，具有东南亚风味。

你想吃猪笼草饭吗？你敢吃猪笼草饭吗？

3. 植物“杀手”

快看，草地上有一群眼镜蛇在舞动！其实，这并不是可怕的眼镜蛇，而是眼镜蛇草。

眼镜蛇草也很令人恐怖。它的每一株草都有几个至十几个瓶状叶，看上去好像一群挺起上身、高低错落的眼镜蛇。

眼镜蛇草是一种瓶子草，也是吃动物的植物，分布于美国加利福尼亚州北部和俄勒冈州南部的山地沼泽中，是一种十分珍贵稀有的植物。眼镜蛇草很难栽培，耐冷怕热，尤其是根部要保持冰凉，日夜要有较大的温差，可接受阳光的照射。

眼镜蛇草

眼镜蛇草瓶口周围会分泌大量蜜糖，还散发出强烈的气味，引诱蜜蜂、苍蝇等小昆虫爬行到捕虫瓶内。捕虫瓶透光的斑纹会迷惑昆虫，而捕虫瓶蜡质的顶部，及瓶内壁光滑，加上中下部瓶壁上有倒刺毛，会使昆虫一旦滑落瓶中就会被捕虫瓶基部的消化液淹死、溶解掉，

最终成为植株的美食。

瞧，一只小鸟飞来了，落在眼镜蛇草旁。小鸟没有被装出来的眼镜蛇吓住，只见它毫不犹豫地把瓶子啄破，然后食用其中未被完全消化的小虫，随后还会喝瓶中美味的肉汤，好一顿绝美的大餐！

据研究，眼镜蛇草的肉汤并不是靠自身分泌消化液“炖”出来的，而是由寄生在瓶中的细菌“熬”出来的，这些细菌分解了小虫的身体后，专供眼镜蛇草享用。

再往这边看过来，还有种吃动物的植物更有趣，它叫捕蝇草。

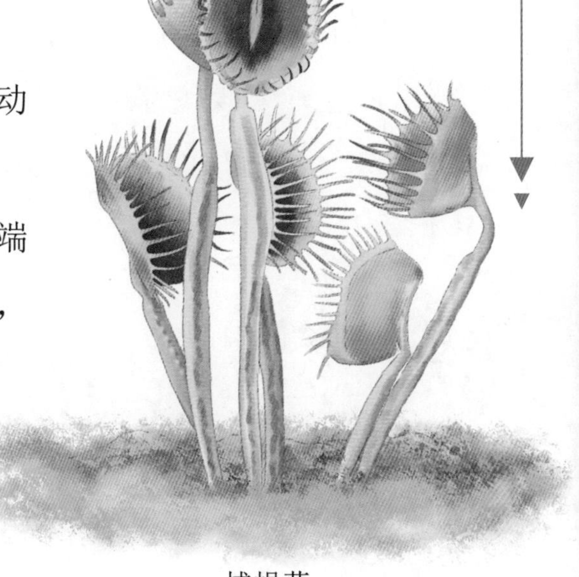

捕蝇草

捕蝇草的茎很短，在叶的顶端长有一个酷似“贝壳”的捕虫夹，捕虫夹正中央有三条鼎足而立的感觉毛。当捕虫夹正中央的感觉毛第一次被触动时，捕虫夹不会做出任何反应，因为这可能是一阵风吹来的沙粒打到了感觉毛上，或者是因为其他原因造成的偶然触动，并非有小虫来访。

但如果在第一次触动后的 20 ～ 40 秒内，再次触动捕虫夹中任何一根感觉毛，捕虫夹就会迅速闭合。这时，捕虫夹十拿九稳是捕到虫子了。

捕蝇草的叶缘部含有蜜腺，会分泌出蜜汁来，引诱昆虫靠近。当昆虫进入叶面部分时，碰触到属感应器官的感觉毛两次，两瓣叶就会很迅速地闭合。

生长于叶缘上的刺毛不会弯曲，当叶子快速地闭合将昆虫夹住时，刺毛就会紧紧相扣，交互咬合，以防止昆虫脱逃。

捕虫对于捕蝇草的叶子来说，并不是一件轻松的事，因为这会消耗大量能量。一般捕虫 3 ～ 4 次后，捕虫叶子便凋萎了。

不浪费能量，是捕蝇草的重要生存法则。

食虫植物不仅陆地上有，水中也有，北京颐和园的池塘中，就生长着一种“水中猎手”——狸藻。狸藻生长在池塘的静水里，没有根，可以随水漂流。它的叶子像一团丝，茎上有许多扁圆

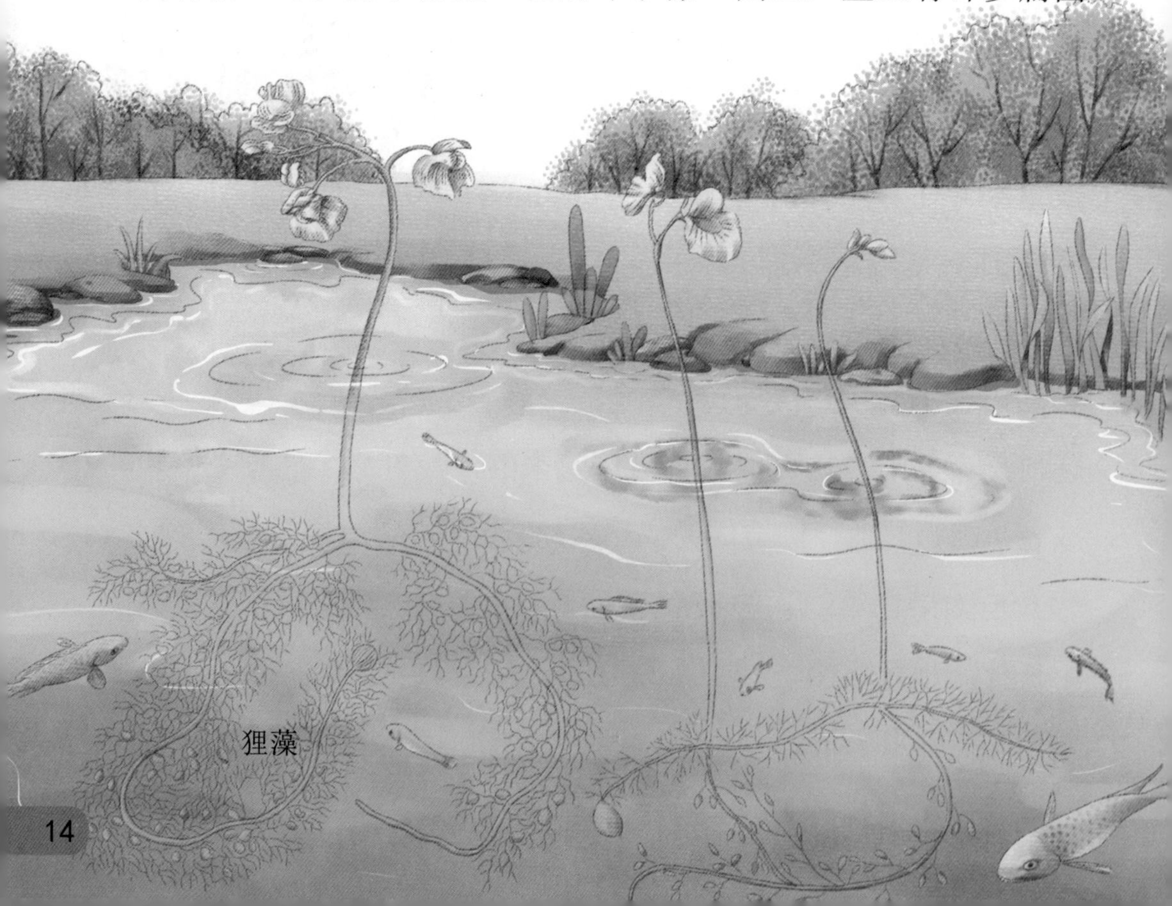

狸藻

形的“小口袋”。这个小口袋就是狸藻的捕虫袋，上面有个向里开的小盖子，盖子上长着绒毛。

一株狸藻共有上千个捕虫袋。这些捕虫袋在水中形成了一个捕虫的天罗地网。当那些孑（jié）孓（jué）、水蚤、小虾被狸藻捕虫袋中的甜液香味所吸引，想要去尝一尝时，一碰捕虫袋上的茸毛，捕虫袋就会立即张开，小虫便会随水流进入陷阱中。随后，捕虫袋上的小盖就会盖上，口袋内壁分泌出的消化液就会将小虫化掉。

狸藻不仅在颐和园的池塘里能看到，在我国各省都能看到。它是属于狸藻科的一大类食虫植物，全世界约有 250 种，我国约有 17 种。

在沼泽地带和潮湿的草原上，有一种植物杀手叫毛毡苔，它有一张杀虫的“魔掌”。“魔掌”由圆形叶片和它上面的 200 多条茸毛构成。茸毛像一根根纤细的手指，既能伸开，又能握起来。在每根“手指”的顶端，均挂着一颗亮晶晶的红色水珠，这是毛毡苔用以诱虫的香甜黏液。小虫受到甜液引诱，去饮食甘露，就会被毛毡苔的“魔掌”抓住，“手指”卷曲起来，在“掌心”中被吃掉。

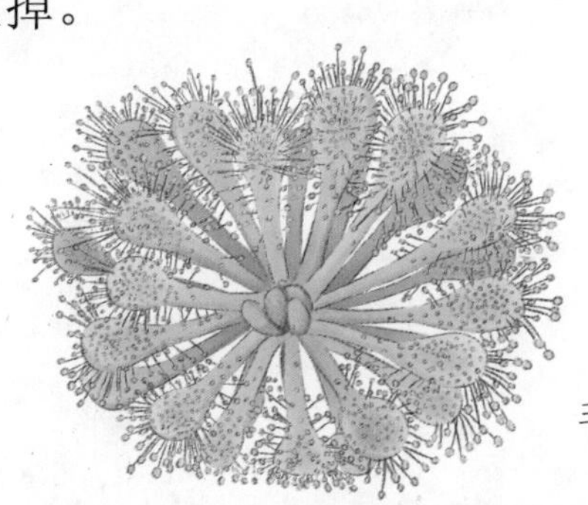
毛毡苔

4. 生石花隐身有术

瞧，在干旱的荒漠上，有一个“碎石”的世界。满地的“小石块”半埋在土里，有的呈灰色，有的呈灰棕色，有的呈棕黄色等等；顶部或平坦，或圆滑，有的上面还镶嵌着一些深色的花纹。

这些“小石块”有的如雨花石，有的如花岗岩碎块，让人目不暇接。

你一定想拾几块美石留作纪念。但是，仔细看一看，你就会惊喜万分地发现：这些美石竟然是植物！它们在外观上与周

生石花

围的石头极其相似——当然了，其他的石头是不能生长的。

生石花约有 40 种，属多年生肉质草本，几乎无茎。外观看起来呈现小圆球形，颜色多变，触摸时可以直观地感受到它有着比较硬的表皮。生石花的特色就在于它的顶部，它的顶部会呈现一条裂缝，而在这个裂缝中能够生长出单生的一朵花。

生石花形态奇特，花色艳丽，引得许多爱好者专门收集栽培，具有很高的观赏价值。世界多地有栽培，可供观赏用。又因其形如彩石，色彩丰富，享有“有生命的石头”的美称。

生石花的外形及独特色彩，使它们在原生地的荒漠和戈壁中得以保持低调，这样才不会成为取食者的美餐。

生石花一年四季都在变化。每年 6 ～ 12 月，在南半球的冬春季节里，一片片艳丽的生石花花朵从石缝中钻出来，覆盖了整个荒漠。

生石花喜温暖干燥和阳光充足的环境，怕低温，但又不喜欢强光暴晒。

生石花虽然弱小，却因成功地模拟了无生命的石块，避免了成为草食动物的盘中餐，从而生存发展起来。

靠拟态保护自己的植物不止生石花一类，在森林的下层植物中还有一些拟态物，叶片上有花斑。花斑是对光斑的模拟，有花斑的植物犹如穿上了迷彩服，容易骗过食草兽的眼睛，生存便多了一层保障。

这也是生命女神的魔法，让植物成了伪装天才。

5. 植物的化学武器

在生命女神的花篮里，还有一些拥有“化学武器”的植物。

在欧洲拉普兰地区生长着一种毒芹，这种毒芹是多年生草本植物，全身含有毒芹碱，以叶子和未成熟的果实中含毒最多。

人误食毒芹后，会出现头痛、恶心、呕吐、手脚发麻等症状，直至全身瘫痪、昏迷，因呼吸困难而死亡。

毒芹

除了毒芹外，还有生长在南美洲的一种野生马铃薯，它的身上长着两种腺毛，一种腺毛细长，能分泌黏液捕捉昆虫；另一种短粗的腺毛则分泌出一种苯酚类的毒汁来，能将捉到的昆虫杀死。

夹竹桃和马利筋含有强心甙，可以使咬食它们的昆虫因肌肉松弛而丧命。

夹竹桃

马利筋

丝兰和龙舌兰内含有植物类固醇，能使咬食它们的动物红细胞破裂。

芥子和甘蓝等植物能分泌对各种细菌、真菌、昆虫及哺乳动物有毒害的芥子油糖苷。

一些金合欢植物能分泌极毒的氰化物，使咬食它的动物因细胞呼吸作用受到毒害而死亡。

金合欢

荨麻的化学武器很独特。萌爷爷都非常惧怕它，从来不敢触碰。在田间劳动或散步时，如果不小心触碰到了，那可就惨喽！

荨麻的叶子背后，布满了含有蚁酸、醋酸、酪酸等混合毒液的刺毛。当人畜触碰荨麻时，刺毛就会钻入皮肤，释放出毒液，使人有像被蝎子和马蜂蛰咬的感觉，痛痒难忍，并出现斑状红肿。

严重时可导致幼童或幼畜死亡。

有一种沙漠灌木，拥有能破坏害虫消化吸收营养物质的武器，这种武器叫酚醛树脂。酚醛树脂能与蛋白质、淀粉形成结合物，这种结合物是不能被消化吸收的，昆虫吃进再多的食物，也都会被变成没有营养价值的结合物，最终会因营养极度缺乏而死亡。

科学家还发现，糖槭树被昆虫咬食后，不但自身会产生抵抗物质，还会通过挥发性的化学物质将昆虫到来的信息传送出去，使周围的糖槭树也产生化学抵抗物质。

相信还有许多植物也拥有独特的“化学武器”，用来保护自己。

糖槭树

6. 植物身上有战场

在森林公园里，有些老树身上长着巨大的树瘤，虽然看起来伤痕累累，但老树仍然苍劲有力，枝繁叶茂。萌爷爷特别注意观察了老树身上的树瘤和伤疤，可以说，这儿曾经是一个战场。

难道植物身上会有战场？

是的，人类身体里也有战场。当人们生病的时候，身体里就会进行一次战争。细菌或病毒攻击身体，身体的免疫系统就会产生白细胞，和药物一起向细菌或病毒开战。最终病情好转，人体获得胜利。

植物也是同样的道理。比如，马尾松在没有受到外界侵害时，长得整整齐齐的，枝干光溜溜的，看不到任何疤痕或瘤子一类的东西。但是，当它被人们砍去某部分枝条时，它的伤口就会流出一种油质黏液来。

这种油质黏液会将伤口包住，防止脏东西、病菌从伤口入侵，不久伤口便会痊愈，只留下疤痕。

这和人体皮肤被划破，流出鲜血，涂上药止血，再将伤口包住，然后结痂脱落，伤口就好了的原理有些类似。

植物不能移动，遭受伤害时很难逃生，生命女神就赋予了植物很强的自我疗伤本领。

萌爷爷做过一个小实验，在芦荟肥厚的叶片里植入一枚一圆硬币，包扎好一周后打开观察，会发现在叶片中间形成了一个完美的圆洞，而整个叶片仍然生机盎然。可见芦荟具有惊人的自身愈合能力，它的叶片受伤后，会依靠自身的活力，使伤口迅速愈合。

虽然这种自我疗伤的办法有点儿被动，但也是非常有效果的，它在某种程度上确实保护了植物的生存。

植物除了自我疗伤方法外，还有主动疗伤行为。这也是生命女神赋予植物的超常本能。

像我们所熟知的马铃薯，它在受到病菌侵袭后，与病菌战斗在一线的细胞立即木质化，变得坚韧起来，用身体阻止病菌向前推进。如果病菌突破了第一道防线，第二道防线的细胞就

会立即做出自我牺牲，接着第三道、第四道防线的细胞也会前仆后继，同病菌作殊死搏斗，直至胜利，或者全军覆灭。

还有更壮烈的事呢。看那些老树，树身上长满了疙瘩。

对，这是一株老桃树，它从小就被人修枝剪叶，长成人们需要的形状。你会看到有一圈又一圈的伤疤、痕迹，这是植物细胞与细菌大战后的“战场遗址”。

如果桃树被害虫叮咬，就会流出桃油封住伤口；如果虫子更强大，钻入桃树里面大吃大喝，并留下大量毒素，桃树为了保全整体，就会用与病菌作战的细胞迅速坏死的办法，使病菌被坏死的细胞包围，进退不得，窒息而亡。而那些伤疤痕迹就是成千上万交战双方“死亡将士”的遗体。

现在你知道了吧？植物看上去似乎一动不动，但它们对于病毒细菌的侵袭可不会逆来顺受。

这是一种精神，植物的向死而生的精神。你是不是特别敬佩这种精神呢？

7. 你的叶子哪里去了

生命女神的大花篮里，还有一些没有叶子，浑身长满刺的植物。

其实，它们不是没有叶子，比如这种仙人掌植物的刺和毛就是它们的叶子。

仙人掌科的植物，有 2000 多个品种，祖籍在墨西哥。那儿有充足的阳光，可是水分却特别少。为了获得生长所需的水分和营养，它们的根系发达，具有强大的延伸和吸收能力，可以长得很长，扎入深深的地下。

为了减少叶面水分的蒸发，它们的叶子慢慢变小，最后退化成了刺和毛，而它们的茎却特别肥厚，由它来代替叶子，完成吸收阳光进行光合作用的工作。

肥厚粗壮的茎还可以储存水分，以使植物度过漫长少雨的旱季。

在墨西哥，仙人掌可以长到十几米高，可以防风固沙，保持水土。干枯的仙人掌还可以盖房子，最差的也可以当柴烧。

仙人掌还是当地人爱吃的蔬菜。他们培育出了可食用的仙人掌，不长刺，吃起来很方便。

仙人掌全株均可入药，比如，你被蚊子或毒虫咬了，便可以用它鲜嫩的肉质捣烂敷在伤口上，有清热解毒、止痛的功效。

可见，仙人掌的用途是十分广泛的。

8. 橡树的武器

1981 年，美国东部的一片大橡树林子里，突然遭到一种叫舞毒蛾的森林害虫的袭击，将 70 万公顷的橡树叶子啃光吃光。

可是，这并没有给这片橡树林带来灭顶之灾。1982 年，这片橡树林中的舞毒蛾忽然销声匿迹，橡树又郁郁葱葱地生长起来了。森林学家们经过研究后发现，大橡树在遭受舞毒蛾攻击后，

橡树

红橡树

刺激了它自身拥有的化学武器——单宁酸大量生产。单宁酸同害虫胃里的蛋白质结合，使得吃进肚里的叶子难以消化，舞毒蛾不是病死，就是因行动呆滞而被鸟儿吃掉。

类似大橡树这样以攻击昆虫消化系统为武器的植物，还有很多很多。红橡树在遭受毛虫进攻时，叶中的鞣酸便会增加。由于鞣酸的收敛性可以破坏毛虫的消化功能，毛虫吃食后消化吸收不良，变得体弱多病，导致最后死亡。

9. 植物的矛与盾

植物为了防身，常常自带武器。有的武器比较原始，像古代武士使用的矛和盾；有的武器则很先进，犹如现代的枪和炮。

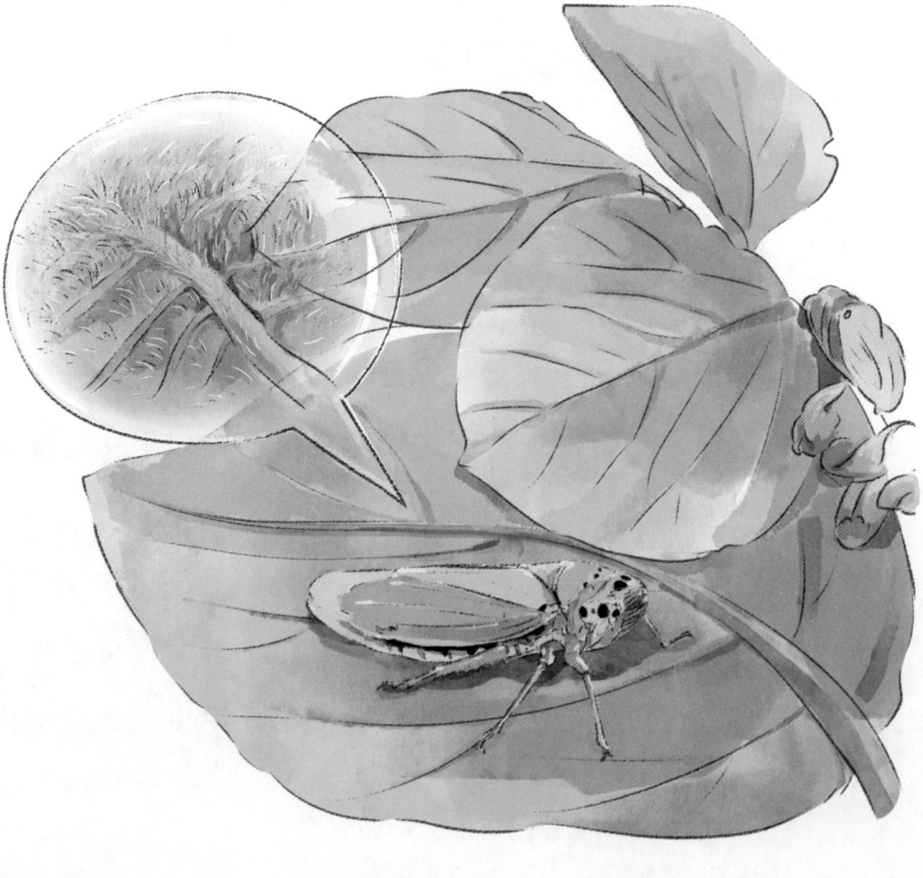

烟草、大麻的叶片上，长着浓密的茸毛，构成了阻挡细菌进入的一道屏障。那些企图入侵的病菌，进入这道屏障，如入迷魂阵，会因迷路“饥渴而亡”。小蘖（niè）的叶子变成的叶刺，洋槐的叶托变成的刺，茅草叶缘上的锯齿，麦穗和稻穗的长芒，等等，都是植物对付动物吞食的矛和盾。

蚕豆叶面上有一种锋利的钩状毛，叶蝉一爬上蚕豆叶面，就会被钩状毛缠住，动弹不得，直到最后饿死。棉花植株的软毛，能排斥叶蝉的进犯；大豆的针毛，能抵制大豆叶蝉和蚕豆甲虫的进攻……这都是植物的矛和盾有效保护自己的例子。

二、有特异功能的植物

生命女神啊，在你神秘的花篮里还有什么稀奇的东西呢？

生命女神傲娇地说：“好的，就让你们看看有特异功能的植物吧！”

1. 能预报气象的植物

在美洲的多米尼加共和国，流传着这样一句话："要想知道天下雨，先看雨蕉哭不哭。"

有一种植物叫雨蕉树，生长在多米尼加，是一种可以预报天气的晴雨树。在下大雨前，雨蕉树宽大的叶片上会流出一颗颗晶莹透亮的水珠来，像是在哭泣。这是植物的一种吐水现象。

为什么雨蕉树会出现吐水现象呢？

原来，雨蕉树的叶片组织非常细密紧凑，树干和叶片上像涂了一层蜡，保护体内的水分不蒸发。当温度高、湿度大时，蒸腾作用大，而叶片内的水分又难以及时蒸发，水便会从叶面溢出来。而温度高、湿度大往往是下暴雨的前兆，所以雨蕉树可以预报下雨。

难怪当地人喜欢将雨蕉树栽在家门口，把它当成气象预报树呢。

含羞草也是一种能预报天气的植物。小草一受到触动，便会出现叶柄下垂、叶片闭合的"羞答答"状态。

本来，含羞草不被触动是不会"害羞"的。但是，在阴天或即将下雨时，它却特别"害羞"，不触动它也会羞羞答答的，

含羞草

叶子总是合在一起，叶柄也是下垂着的。

人们根据含羞草叶片的闭合状态，就可以知道是不是快要下雨了。

含羞草为什么能预报天气呢？

经过萌爷爷仔细观察，发现原来在空气湿度大的时候，一些小昆虫飞不高，碰撞含羞草的机会较多，使含羞草老是处于受刺激状态，成天都露不出笑脸来。

可以这么说，含羞草是通过小昆虫来预报天气的。这与天气谚语“燕子低飞蛇过道，大雨马上就来到”的道理是一样的。

前面说的是植物可以做短期天气预报，另有一些植物还能做长期天气预报呢。

安徽和县高关乡，有一棵大朴树，已有 400 多年的树龄，树围约 3 米，树冠可覆阴 100 多平方米。当地人通过观察大朴

树的生长状况，能准确地预测当年的气象。

如果这棵树在谷雨前发芽，长得多芽叶茂，就预示当年雨水多，水位高，往往有涝灾；如果它同别的朴树一样正常发芽，便预示着这一年风调雨顺；如果它推迟发芽，叶子长得稀少，就预示当年雨水少，旱情严重。

气象工作者用几十年的气象观察资料来验证，发现“气象树”对当年旱涝情况的预报相当准确。

大树不但能长期预报天气，还能告诉人们过去的气候状况。

因为，有的大树寿命很长，科学家可以通过研究树木年轮，推算出当地过去几百年甚至几千年来温度降水的变化状况。

植物是不是很神奇？

中国有位伟大的科学家竺可桢先生，一生坚持为大自然写日记，他编著了一本书叫《物候学》，指导气象工作者通过观察植物的发芽开花等物候信息，预测气温、湿度等气象条件。

他说：几千年来，劳动人民注意草木荣枯、候鸟来去等自然现象同气候的关系，据此来安排农事。杏花开了，就好像大自然在传话要赶快耕地喽；桃花开了，又好像在暗示要赶快种谷子啦。布谷鸟开始唱歌，劳动人民懂得它在唱什么：“阿公阿婆，割麦插禾。”这样看来，花香鸟语，草长莺飞，都是大自然的语言呢。

2. 能探矿的植物

你知道汽油是从哪里来的吗？

萌爷爷告诉你，汽油是从石油里提炼出来的。而石油和许多矿物一样，是地球千百万年来经历天翻地覆变迁形成的。它们被藏匿在地球各地，有的埋在地下，有的藏在山上，有的沉在海底。

生命女神曾悄悄地在一些宝藏旁用植物做了记号，也就是说，植物能帮助地质学家探矿，这是不是很有趣呢？

北美洲有个山谷，这里气候温和，土壤肥沃，植物生长得十分茂盛。但移居来此的人畜，没多久就都死掉了，所以这里被人们称作“鬼谷”。

后来，鬼谷之谜被揭开了。原来，这里的土壤中多硒而少硫，植物缺硫只得吸收硫的同族元素硒，庄稼可以长得好，但人畜吃了大量富集硒的植物后，机体的正常机能遭到破坏，最后导致死亡。

这下，人们知道了这里有特殊的矿产——硒。

硒是制造光电池、半导体内晶体管不可或缺的原料。

植物是探矿家的“好向导”。有地质学家在美丽的七瓣莲

花的指引下找到了锡矿；有人在一种浅红色的紫云英花的指引下找到了铀矿；还有人在蔚蓝色的野玫瑰花的指引下找到了铜矿……地质学家知道铜草丛生的地方多含铜的化合物，而蓝色花瓣的羽扇豆与艾草成群生长的地方常常有锰矿。

紫云英

为什么有的植物能“探矿”呢？这是因为这些植物在生长发育过程中需要某些特殊矿物质，在富有这些特殊矿物质的地方，这些植物会长得特别繁茂。而且，由于某些植物吸收了金属离子后，细胞液酸碱度发生变化，会导致正常花色的改变。

三色堇

在含锌的土壤里，三色堇长得特别茂盛，每朵花的蓝、白、黄三色，变得特别鲜艳。根据三色堇的这两点变化，便能找到锌矿。

而有些探矿植物，则是以它特殊的生长姿态示人的。如青蒿

一般长得很高大，但在含硼丰富的地区却会长成“矮老头”。如果找到这种“矮老头”，就有可能找到硼矿。

还有吸收了地下的石油有可能使某些植物患“巨树症”，树枝伸得比树干还长，叶子却小得可怜。找到这种患“巨树症”的植物，也许就能发现油田啦。

探矿植物还表现出一个让人羡慕的优点——它们的根系能在常温常压下采矿。于是，人们有了一个充满科幻的设想，设计一种自动根深入地层，像吸管一样从土壤中采矿，效率高，纯度高，岂不妙哉！

生命女神赋予植物的这种功能，已形成一门特殊的学科——指示植物学。

3. 能灭火的树

森林容易起火，但萌爷爷告诉你，在生命女神的花篮里有一种树可以灭火，奇特吧？

非洲安哥拉共和国西部的原始森林里，有一种具有灭火功能的辛柯树。当人们在树下点燃打火机，准备吸烟的时候，这种树会从头上的树叶里，突然喷射出一股股白色的浆液，将火扑灭。

它这是告诉人们：森林防火重地，不得随便点火！

辛柯树是一种四季常青的树，它的枝叶特别繁茂，那形状如同手掌的叶子向下垂挂，把整棵大树遮得密不透光。

辛柯树是靠什么来灭火的呢？原来，在它的枝杈之间有许多节苞，这些节苞就像一个个灌满了水的“皮球”，里面充满了从树上分泌出来的

辛柯树

液体。奇妙的是，这些节苞特别怕见火光，一旦见到火光，它们就会从表面的无数小孔里，朝树下喷出白色的浆液。

据科学家研究，辛柯树喷出的浆液中竟含有四氯化碳这样的灭火物质。有了这么先进的“灭火器”，难怪它会有这样强大的灭火本领！

有人做过实验，故意向辛柯树挑战，在它的树下点燃篝火，这时候，辛柯树就会全力以赴，不断地向火源喷出道道白色的浆液，直到将火扑灭以后才停止。

安哥拉人对自己国家能有辛柯树这样的“灭火树”而感到自豪。在当地流传着这样一句谚语：“盖房要用辛柯树，不怕火灾安心住。”

现在，人们已经仿照辛柯树这样的“天然自动灭火器”，

成功地制造出自动灭火器，以防范火灾发生。

因为辛柯树总是忠于职守，护卫大森林，毫不留情地扑灭树下的火种，所以，人们把它誉为森林里的“消防队员”。

还有一种抗火树，功能也很奇特。这种叫木荷的抗火树，生长在我国南方。

木荷的含水量很大，油脂的含量却很少，燃点高，不易燃烧，如果将这种树植成防火林带，当森林大火向林带冲击时，木荷生物防火林带便能削弱火势，阻止大火蔓延，大火就会自行熄灭。

靠近火焰的木荷也不过 30% ～ 50% 的树叶被烤焦，但树木完全不会被烧死。

木荷的生命力很强，烧伤的树枝第二年又可以萌发新叶。

森林火灾烧毁成片的森林，是世界性的灾难。木荷是科学家研究用来森林防火的重要树种。

萌爷爷在思考：要是澳大利亚森林里少一些桉树，多一些木荷，2019 年 7 月开始燃烧了 200 多天的大火，就不会燃烧这么久，也不会有那么多可爱的袋鼠、考拉、鹦鹉及许多珍稀的动物、植物被活活烧死了。

4. 能“胎生”的植物

萌爷爷家的猫咪生了 4 只小猫仔，可爱极了。小猫咪在猫妈妈的照顾下一天天长大，40 天以后就可以离开妈妈独立生活。萌爷爷把它们送给朋友，小猫咪有了自己的新主人。

植物也能“胎生”吗？为了能传宗接代，为了后代能健康成长，植物妈妈可是想尽了办法。生命女神赐予了一些植物特殊的本领，即让成熟的种子不落地，而是在母树上先发芽生长，长成小树后才离开妈妈，就像动物怀胎生仔一样。

红树生活在海边，几乎每天涨潮时候都会被水淹。如果用常规办法开花结果，让果实中的种子播种，那么，果实和种子撒落在沙滩上，每天都可能被海浪冲走。

红树只好使出生命女神赐予的奇招，像动物一般，怀胎生仔。它将长条形的果实像木棒一样挂在树上，不忙脱落。果实就这么挂在树上，吸收母树的营养，长成幼苗。

当幼苗长到近 30 厘米高时，才脱离母树，在重力的作用下，一头扎进海滩的淤泥中，通常在数小时至数天内就能生根，生长成新的植株。

如果小树苗不幸没有及时插入泥沙中，也不要紧，它们会

随水漂流到稍远的地方或其他海滩去生根成长。由于红树苗含有丰富的单宁（几种多酚类化合物的总称），在漂流过程中不会腐烂，海里的动物也不爱吃它。

一棵红树一年要怀胎生育三百多株小红树。用红树这种方式繁殖后代的植物，叫胎生植物。

这些红树妈妈怀胎生育出的小红树很快就会占领一大片海滩，于是，一片又一片的红树林就形成了。

这些茂密的红树林保卫着海岸线，抗击狂风巨浪对海岸的袭击，并为鸟类和鱼虾等小动物提供生息繁衍的场所。

红树林泛指红海兰、秋茄树、红茄冬这类耐盐性常绿灌木或乔木，生长在热带、亚热带地区的河口和海岸沼泽区域。

红海兰是红树林最好看的树种，主要分布在热带海域，它伸出几根长长的支柱根插入泥中，就像是大树长了几条长腿，

红海兰

是非常漂亮的景观树。可惜这种红树林的代表性品种红海兰，在有些地区已经灭绝。

秋茄树

秋茄树也非常漂亮，每年4月，秋茄树上就开始挂满粉红色的小花蕾，在阳光雨露滋润下，小花蕾渐渐盛开，细长的身材显得非常苗条，头上永远有顶造型奇特的小高帽，脚尖周边藏着很多白色小点点。

秋茄树也是一味很好的药材，可用来止血和治疗烫伤。

红茄冬的树皮可以提炼红色染料，马来西亚人称它的树皮为红树皮，而中文则称为红树。

5. 植物也有“性别”和“血型”

萌爷爷站在一枝桃花旁仔细地观察。他是在欣赏，也是在思考。

一朵桃花有五个花瓣，花瓣中央是一圈花蕊，雄蕊高举花粉，中间有一条雌蕊，雌蕊头顶没有花粉，而是有点儿黏液。风儿吹过，昆虫爬过，花枝晃动，花粉就会粘到雌蕊上，这朵桃花就受粉了，只要不出意外，将来就会结出桃子来。

多数植物都像桃树一样雌雄同株，但也有一部分植物是雌雄异株的。于是，这些植物就被打上了性别的烙印，分为“父亲树”和“母亲树”。

雌雄异株的植物有银杏、杨柳、开心果、猕猴桃、金弹子等。

雌、雄异株的树木必须同时要有雌树、雄树种植在一起，才能孕育后代。

有趣的是，一些植物的雌株、雄株会发生变性现象，雌株会变成雄株，雄株又会

变回雌株。

有一种叫印度天南星的多年生草本植物，便是典型的变性植物。它的雌株体形高大健壮，营养物质丰富，但开花结果以后，由于大量的消耗，第二年便变为小型的雄株。而当它体力恢复后，还可以还原为雌株。

人有血型，植物有血型吗？植物的血是指植物的体液（营养液），植物的“血型”实际是由体液中某种细胞的外膜结构的差异决定的。

植物不但有血型，而且和人一样，也分几种血型。人的血型一般分为A型、B型、AB型和O型等；植物则有B型、AB型、O型等，至今还未发现有A型植物。

植物有血型是科学家的意外发现。

一位日本妇女夜间在家中突然死去。警察赶到现场仔细勘

察后，无法断定是自杀还是他杀。因为化验血迹，死者为O型血，而枕头上的血迹为AB型，于是警察怀疑妇女是他杀。可是，无论如何都找不到他杀的证据。没办法，警察只好请来了日本科学警察研究所的山本茂法医。山本茂对有疑点的地方都进行了鉴定和化验，发现枕头内的荞麦皮是AB型，和枕头上的血型一模一样，帮助警察去掉了他杀的疑问。

这一惊奇的发现，引起了山本茂浓厚的兴趣。此后，山本茂对500多种植物的果实和种子进行了化验，发现苹果、草莓、南瓜、山茶、辛夷等60种植物是O型；珊瑚树等24种植物是B型；金银花、李子、荞麦、单叶枫等是AB型；可是并没有找到A型的植物。

人的血型是指血液中红血球细胞膜表面分子结构的类型。可是，植物为什么也会有血型呢？原来，植物和动物一样也有体液循环，植物体液同样担负着运送养料、排出废物的任务，体液细胞膜表面也有不同分子结构的型别，这便是植物也有血型的秘密所在。

植物的血型物质除了是植物能量的贮藏物外，还担负着保护植物体的任务。植物血型的发现，具有重要的科学意义和实用价值，为今后植物分类和杂交繁殖展示了新的前景。

对植物血型的探索，还只是刚刚开始，感兴趣的小朋友将来一定会有更多的发现哦！

6. 会运动的植物

在生命女神的花篮中，有些植物是会运动的。向日葵会迎着阳光运动，叫向光性运动。植物还有向地性运动、向水性运动、向肥性运动等。

说起来，还有更有趣的运动植物呢，它甚至能够整个儿离开原地“跑”到别的地方去。

美国西部有一种风滚草，当天气干燥、风大、没水的时候，整株植物就会连根拔起，卷成一个球形，随风滚动。滚动中如遇到障碍物，便会停下来，把根扎进土里，又原地生长起来。

野燕麦是一种靠湿度变化走动的植物。野燕麦种子的外壳上长着一根长两三厘米的长芒，芒的中部有像膝盖一样可以弯曲的“关节”——膝曲，当地面湿度变大的时候，膝曲伸直；当地面湿度小时，膝曲恢复原状。它就是这样在一伸

一屈之间不断前进，一昼夜可推进一厘米。

还有一种在高山区里生长的长生草，能靠自身的力量做翻身运动。这种矮生多肉植物外形像个莲座，莲座上可以通过新茎生出一些小莲座。

小莲座是大莲座的子女，长到一定程度就会脱离母体掉到地上。

掉到地上的小莲座有的侧着身子，有的底朝天。这时，侧身的小莲座会有一些叶片接触地面，这些叶片会快速地生长，从而使侧着身子的小莲座挣扎着转过身来，恢复正常位置。

而那些底朝天的小莲座，则要靠根的力量来帮自己翻身。小莲座会生出一条甚至数条根来，扎进土中，靠一条根的力量或数条根的合力，使小莲座慢慢翻过身来。如果几条根的合力方向不同，小莲座翻不过身来，便会死去。

长生草

长生草非常漂亮，是多肉植物爱好者的首选。长生草多肉是对景天科长生草属植物的统称。

长生草适合栽种在庭院里的岩石

假山上，也可以用来做花园的点缀。

长生草会随着季节、气温、光照的变化而呈现出不同的颜色和外形的变化，这也是长生草最大的魅力。

长生草多肉极易群生，买回来一株，一不小心就能收获一大盆。

长生草比较耐寒、耐晒，但是不耐湿热。长生草在野外生长在石缝里，喜欢透气的土壤。

栽培时最好用泥炭、椰土、珍珠岩、蜂窝煤烧剩的碎渣等充分混合，这样的土透气透水。南方由于潮湿，大颗粒的比例要多一点儿，北方则是小颗粒多一点儿。

家庭栽培时，最接近这两个条件的就是春、秋、冬季。在这三个季节，最好把花盆放在窗外，能晒多久就晒多久。长时间的日照，长生草会展现出最美的颜色。

用不同品种的长生草多肉拼盘培植会特别美。

7. 会跳舞的小草

生命女神的花篮中有一种小草会跳舞，学名跳舞草，生长在中国的南方及东南亚一带的丘陵山坡或山沟灌木丛中。

跳舞草喜欢阳光温暖湿润的环境，耐旱，耐贫瘠，是一种适应性很强的植物。

跳舞草是一种著名的观赏性植物，当气温不低于 22℃时，对声波有极强的敏感性。对着它唱歌，跳舞草会连续不断地上下摆动，一对对小草叶还会自行交叉转动、亲吻和弹跳，两叶

跳舞草

转动幅度可达 180°，然后又弹回原处，犹如翩翩起舞的少女，因此而得名。

当气温处于 28℃～34℃，闷热的晴天或雨过天晴时，跳舞草的数十双叶片会如同跳集体双人舞，两片叶子缠绵拥抱，然后又翩翩起舞，使人眼花缭乱，感觉分外神秘。

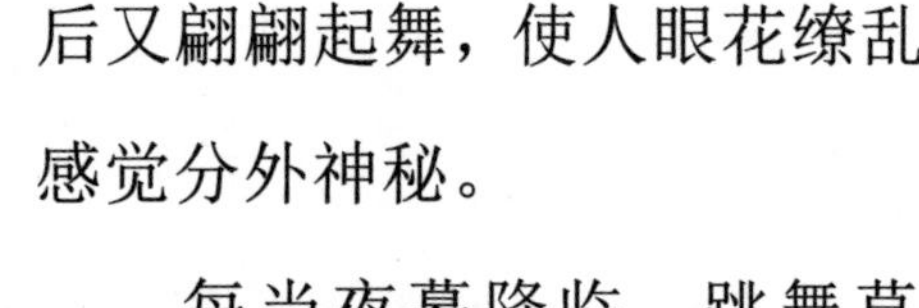

每当夜幕降临，跳舞草会将叶子贴在枝干上，紧紧依偎着，宛如婴儿依偎着母亲。

小草为什么会跳舞呢？

相传，很久以前，西双版纳有一位美丽善良的傣族少女，名叫多依，她天生特别爱舞蹈。

多依常常为乡亲们表演舞蹈。当她翩翩起舞时，好似泉边嬉水的金孔雀，又像田野飞翔的白仙鹤，观看她跳舞的人都不禁沉醉其中，忘记了烦恼，忘记了痛苦。

可是后来，可恶的大土司将多依强抢到他家，要求多依每天为他跳舞。

多依誓死不从，以死相抗拒，跳进了澜沧江。

乡亲们悲伤地将多依埋葬。

多依的坟上长出了一种漂亮的小草，每当音乐响起，它便和着节拍而舞。人们称之为跳舞草，说它是多依的化身。

这当然是个神话传说啦。下面萌爷爷就来讲讲其中的科学道理吧。

有的科学家认为，跳舞草跳舞是为了保存体内的水分，不被太阳灼伤，当它受到阳光照射时，两片侧生小叶就会不停地舞动，扇动空气，降低温度，躲避阳光的照射，从而减少水分蒸发。

也有的科学家认为，跳舞草舞动的真正目的是为了赶走想伤害它的昆虫。

还有的科学家认为，跳舞草体内存在电流，当电流的强度和方向发生变化时相应地引起它不停地舞动。

中科院植物学家研究发现：跳舞草实际上是对一定频率和强度的声波具有感应性的植物。跳舞草侧生小叶的叶柄处的细胞里有一种海绵体，这种海绵体对中低频率 35 ～ 65 分贝的声音有共振作用。当跳舞草生活的环境中有一定频率和强度的声波时，其叶子就会随着声波的变化而舞动。

跳舞草为什么要跳舞？目前为止还没有定论。达尔文在《植物运动的动力》一书中就写道：“没有人知道跳舞草的侧叶运动对植物来说有什么用。它为什么要做这样的快速运动呢？”直到今天，这个问题依旧没有明确的答案。

8. 爱听音乐的植物

生命女神的花篮中响起了美妙的音乐声，花骨朵儿轻轻地开放了。

是啊，优美的音乐给人带来美的享受，萌爷爷爱听，植物也爱听呢。

植物学家做过实验，将一个耳机挂在一株正在生长的西红柿上，让它每天欣赏 3 小时的摇滚音乐，结果，西红柿听了音乐后拼命地长个儿，居然长到了2千克重。植物学家初步认为，声波能够加速植物的光合作用，促进细胞分裂，从而加快植物的生长速度。

植物学家还用黑藻做过实验。

黑藻是比较敏感的植物，喜欢阳光充足的环境。当环境阴暗时，它的植株生长受阻，新叶叶色变淡，老叶逐渐死亡。

研究者把同一种黑藻分成两组，一组听美妙舒缓的音乐，一组听噪声，然后观察它们的反应。

音乐会在每天早晨定时播放，持续一周后，区别出现了：听宁静优美小夜曲的一组黑藻，长得朝气蓬勃，健康壮实；而听烦躁刺耳的喧嚣声的一组黑藻，则变得萎靡不振，矮小瘦弱。

看来，连植物也喜欢听美妙的音乐，讨厌噪声。

植物又不是人，为什么会喜欢音乐呢？

原来，当音乐响起来的时候，植物的叶片表面的气孔受到舒畅有规律的声波刺激，气孔开放度会增大，再均匀变小，有规律舒缓地变换着。气孔增大后，植物会吸收更多的光合作用的原料——二氧化碳，使光合作用更加活跃，越来越多的有机物质形成，促进了植物的生长。优美的音乐声波，也增强了植物的呼吸作用，植物的生长因而获得了更多的能量，会更加生机勃勃，就比如听宁静优美音乐的那组黑藻，长得朝气蓬勃壮实健康。

当讨厌的噪音声波连续刺激植物时，因为没有规律，只有杂乱的刺激，植物处于紧张的状态，当然会萎靡不振，矮小瘦弱了。

9. 解毒植物

我国的中医发现了许多种解毒植物，比如大青叶，清热解毒，凉血消斑；鱼腥草，清热解毒，排脓利尿；射干，清热解毒，祛痰利咽；板蓝根：清热解毒，凉血利咽；土茯苓，解毒除湿，通利关节；穿心莲，清热解毒，燥湿消肿；马齿苋，清热解毒，凉血止血，等等。

科学家们还发现了许多种解毒植物。

比如，木槿能将有毒物质在体内分解，转化为无毒物质，被誉为“天然解毒机”。木槿是锦葵科落叶灌木，又名木棉、荆条，对有毒的二氧化硫有很强的抗毒性，二氧化硫很难

木槿

危及木槿的叶肉细胞。

科学家们研究发现，木槿吸收空气中的有毒物质氯和灰尘的能力也很强，从而可以达到净化空气的效果。木槿花的根和皮都可入药，有凉血解毒、消肿清热利湿之功效。我国南方各地喜用木槿作为绿篱，其花色美、净化环境能力强，是一种庭园观赏植物。

夹竹桃也有解毒功能，对粉尘、烟尘有较强的吸附力，每平方米叶面能吸附灰尘5克。夹竹桃的叶面有蜡质，有很强的耐旱能力，能在毒气和尘埃弥漫的恶劣环境中生长，常被作为污染严重地区的绿化树种栽种。

夹竹桃

除此之外，夹竹桃的叶面角质层及蜡质层不仅使它能够不受烟雾的影响，还能够很好地防辐射，并且还可以降低噪声，因此，人们将其种植在高速公路周边以及工业园区等处，被称为“环保卫士”。

但是，研究表明，夹竹桃虽能解毒，但造毒功能也很强。它的花、茎、叶、树皮均含有剧毒的夹竹苷物质，人误食会中毒。

故事广播站
科普小课堂
趣味测一测
百科小常识

10. 能过滤粉尘的植物

有不少植物能吸收粉尘，如无花果、龟背竹和普通芦荟，不仅能对付从室外带回来的细菌和其他有害物质，甚至可以吸纳连吸尘器都难以吸到的灰尘。

常春藤不仅吸尘的本领非凡，还可以吸收有害物质及气体。一盆常春藤能消灭 8 ～ 10 平方米房间内 90％的苯，能对付从室外带回来的细菌和其他有害物质。

泡桐

兰花、桂花、蜡梅、花叶芋、红背桂等都是天然的“吸尘器”，其纤毛能截留并吸纳空气中的飘浮微粒及烟尘。

泡桐也是一种天然“吸尘器”。它的叶子大而多毛，能分泌黏液吸附粉尘净化空气，并对二氧化硫、氯气、氟化氢、硝酸雾等有毒气体和有害物质有很强的抗

性。泡桐生长迅速，五六年就能成材，其树干高耸，树冠庞大，材质轻软，富有弹性，是较好的建材，适宜作绿化树种和造林树种。

对粉尘过滤能力最强的植物是榆树，它的叶片滞尘量为每平方米12.27克，有“灰尘过滤器”之美称。榆树对空气中的二氧化硫等有毒气体也有一定的抗性。

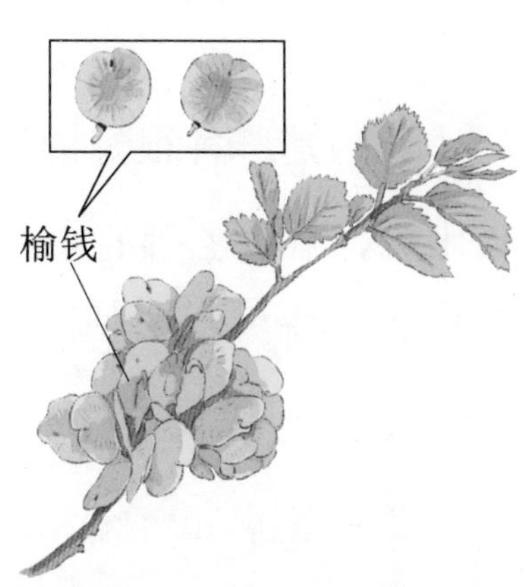

榆树是榆科植物，落叶乔木，又称白榆、家榆，高可达25米，树干挺拔，树冠宽大。有趣的是，榆树的翅果很像中国古代的铜钱，俗称“榆钱”。榆钱成串地挂满枝头，成熟后就随风而去。

榆树在我国分布很广，北方栽培较多，南方也有栽培。榆树的适应性很强，根系很深，能抗强风，也能抗寒，耐干旱及盐碱，是防沙固沙的优良树种。

榆树

11. 能净化空气的植物

黄杨是一种很好的“空气净化器”，对二氧化硫、氯气、硫化氢、氟化氢等有毒气体有很强的抗性，有吸除毒气和净化空气的本领。它净化空气的本领源于其叶片特殊的构造——叶片有革质，表面有角质层。

黄杨又名瓜子黄杨，属黄杨科，灌木或小乔木，高可达 6 米，原产我国中部各省，现已遍布全国。黄杨生长缓慢，是很好的桩头盆景材料，有许多用黄杨制作的树桩盆景名品。在我国古典庭院中，常用它扎成狮、鹤等动物形象，别有一番情趣。

黄杨

能净化空气的植物有很多，如：散尾葵、吊兰、橡皮树、常春藤、芦荟、绿萝、巴西木、棕竹、仙人掌、非洲菊、虎尾兰、金琥、袖珍椰子、富贵竹、千年木、鸟巢蕨、发财树、南洋杉、蟹爪兰、君子兰、吊竹梅、铁树、红掌、杜鹃、月季、仙客来、山茶、蝴蝶兰、金钱树、非洲茉莉、大花蕙兰、文竹等，这些

能净化空气的植物，可以适当地摆放在阳台上或者室内。

比如，吊兰具备强大的空气净化本领。室内只要放上一盆吊兰，就可以在一天之内将室内电器、炉子、塑料制品、涂料等散发出来的一氧化碳、过氧化氮等有害气体吸收并输送到根部，再经过土壤里的微生物分解成无害物质，作为养料被吸收掉。

吊兰

吊兰还能把空气中致癌的甲醛转化为糖和氨基酸等物质，并且能够分解复印机、打印机所排放的苯，还能“吞噬”尼古丁等等。

芦荟也是吸收甲醛的好手，可以吸收周边 1 立方米空气中所含的 90% 的甲醛。

芦荟

12. 能净化污水的植物

我国江南水乡常见的水葫芦，学名凤眼莲，是一种“污水净化器”，据测定，1 万平方米水面上的水葫芦 24 小时内能从污水中吸附 34 千克钠、22 千克钙、17 千克磷、4 千克锰、321 克锶、297 克镍、104 克铅、89 克汞等。更为惊人的是，水葫芦还能将酚、氰等有毒物质分解为无毒物质。

水葫芦属雨久花科植物，它的茎中海绵组织发达，气囊大

水葫芦

量充气，所以在水中能直立或漂浮。水葫芦繁殖能力很强，一棵水葫芦，在两个月内能繁衍出上千个后代。

水葫芦虽好，但是，它的繁殖力太强了，过一段时间就得打捞一次，否则就会泛滥成灾。

除水葫芦外，金鱼藻、芦苇、水葱、浮萍等，都有较好的净化污水的能力。

为了改善环境，许多城市建了人工湿地，人工湿地常采用植物净化污水工艺。人工湿地就是利用湿地生态系统、多样的动植物群落进行污水净化，在湿地上种植芦苇、水湖莲等可以净化污水的植物，能取得很好的净水效果。

茭白、茨菇对城市污水 BOD（生化需氧量）去除率可达 80% 以上。芦苇、香蒲、眼子菜和凤眼莲等可去除石油废水的有机污染物达 95% 以上。

水葱可使食品厂废水中 COD（化学需氧量）降低 70% ～ 80%，使 BOD 降低 60% ～ 90%。

藻类在污水净化过程中能产生大量的氧气，可减少水体因缺氧而形成的恶臭气味。因此，用藻类处理污水在水质的改善中得到越来越广泛的应用。一个污水处理场，采用面积为 1000 平方米充满螺旋藻的水池，就能够成功地处理 1000 人产生的生活污水。

13. 植物“消声器”

植物不能绝对消声，但可以降低噪声，如雪松、云杉、桂花、水杉、圆柏、龙柏、珊瑚树、臭椿、鹅掌楸、女贞、杨树、栎树、悬铃木、梧桐、垂柳、香樟、海桐等。

有人试验，在 20 米宽的马路上栽植珊瑚树、杨树、桂花树各一行，可降低噪声 5 ～ 7 分贝。

杨树

在这些能降低噪声的树木中，以珊瑚树的效果最好。珊瑚树属忍冬科植物，又名法国冬青，常绿灌木或小乔木，高可达 3 米以上。珊瑚树枝繁叶茂，树冠较为矮小。实践证明，树冠矮小的乔木或灌木远比树冠高大的降低噪声的能力更大。珊瑚树结橙红色或深红色的椭圆形核果，远远望去，像串串珊瑚，并因此得名。

珊瑚树枝

女贞也是一种降低噪声的优良树种。在日本大阪机场，跑道两旁种植了 4000 棵女贞和雪松，以降低噪声。结果证明，这些树木使噪声降低了 10 分贝。

为什么植物能降低噪声呢？原来，当声波射向植物的树叶、枝干时，树叶、枝干会反射和吸收声波，从而降低噪声。大而厚、带有茸毛的浓密树叶和细枝对降低高频噪声有较大作用。成片树林可使高频噪声因散射而明显衰减。

在城市绿化时，农艺师们为了遮隔和减弱城市噪声，选用常绿灌木与常绿乔木树种的组合，并要求有足够宽度的林带，以便形成较为浓密的“绿墙”。

14. 能防癌的植物

葱爆牛肉、葱花蛋汤、葱油饼……真不知道还有没有不需要用葱做调料的菜肴了。葱已是我们不可或缺的调味料，奇妙的是，老祖宗的医学就这样每天和人们做伴，不知不觉中守护着人们的健康。

传统医学认为，葱有解毒的功效。如果因为吃虾蟹而过敏，赶快把菜里的葱都吃掉，可以解除体内的毒素；把葱白捣烂，加入蜂蜜，可以外敷治疗皮肤的疮痈（yōng）疔（dīng）疖（jiē）。

现代药理学进一步发现，葱的辛辣气味主要来自一种有机硫化物——硫化丙烯，这种成分可以促使体内排除致癌物质的相关酶

活性增加，相对减少了身体罹患癌症的概率。葱含有硫化合物，可抑制肠胃道细菌将硝酸盐转变为亚硝酸盐，进而阻断了后续的致癌过程。另外，葱叶中含有多醣体及纤维素。多醣体可以与癌细胞凝集，从而达到抑制癌细胞的生长，预防癌症发生的目的。

癌症是人类的大敌。科学家们想了许多办法来防癌、治癌。近年来，科学家们在寻找植物抗癌药方面取得了重大进展。他们发现在紫杉树中有抗癌物质，并提纯了这种抗癌物质——紫杉醇。通过大量试验，证明紫杉醇能治疗多种癌症。目前，紫杉醇已作为有效的抗癌药物，应用于临床治疗。

紫衫树枝

15. 能治病的植物

自古以来，我国植物学家一直都在研究植物的治病功能，修了不少部总结植物治病功能的“本草”，以明代的《本草纲目》最为有名。

天麻

名贵中药天麻性平味甘，对治疗头痛、耳鸣、失眠、中风引起的四肢麻木、语言障碍、小儿惊风、风湿痛等疾病有显著疗效，因之被誉为“神草”。

天麻属兰科多年生草本植物，无根，无叶，只有从地下块茎顶部抽生出的一支地上茎。黄赤色的地上茎像一支箭，《神农本草经》中因此称之为“赤箭”。

没有根，没有叶，也没有叶绿素，天麻是怎样生长的呢？经科学家多年研究，才发现有一种神奇的蜜环菌同天麻共生。蜜环菌喜欢在阴湿的杂木林下生活，是一种真菌，由于它的菌盖呈蜜黄色，在菌柄上有个环，所以得名。

蜜环菌遇到天麻的地下茎时，便用它的菌丝体来全面包裹天麻，并吸取养料。天麻岂肯让蜜环菌白吃它的身体？它分泌出一种专门对付蜜环菌的溶菌酶，靠消化蜜环菌菌丝来滋养自己的身体。就这样，天麻靠蜜环菌为生，蜜环菌也离不了天麻产生的特殊营养滋补，相得益彰，最终生产出珍贵的药物。

有了蜜环菌的全面滋养，天麻在进化的过程中，失去了植物特有的叶绿体，全身没有一点儿绿色，没有根，只剩下茎和鞘状鳞叶。中药用天麻的地下块茎入药。地下块茎肉质，长圆形，黄白色，有环纹，以 9 ～ 10 月采收的品质最好。

长期以来，人们习惯用野生天麻做药材，但由于资源越来越少，现已以人工栽培替代。

杜仲

以树皮入药的，最常见最珍贵者要数杜仲了。杜仲是中国的特产，早在 2000 多年前，《神农本草经》便将杜仲列为上品。在公元 369 年后，杜仲开始从中国传入欧洲、俄国和日本。

杜仲

杜仲是杜仲科杜仲属植物，全世界只有一种。杜仲是落叶乔木，可高达 20 米，生长迅速，树形整齐，枝

繁叶茂。中医以杜仲树皮入药，有温补肝肾、安定胎儿、强筋健骨的作用。

现代医学研究证明，杜仲含有杜仲胶、生物碱、糖苷、有机酸等药用有效成分。用杜仲制煎剂，有降低血压的作用。

杜仲胶除有药效外，还是一种优质橡胶。杜仲的树皮、枝、叶和果实中都含有白色富有弹性、丝状的杜仲胶，果实中含量高达 27.3%，枝叶、树皮中含量达 2 ～ 3%。

冬虫夏草

冬虫夏草简称虫草，是一种驰名中外的名贵中药材。在虫子上长一根草，形态十分奇特。虫草并非草，它是真菌和昆虫的结合体。生成虫草的真菌属子囊菌纲麦角菌科，昆虫则是一种蝙蝠蛾幼虫。

冬天，这种麦角菌科的真菌菌丝体钻入蛰居土中的幼虫体内，以虫体为营养，直至将虫体内部结构破坏，吃空，使昆虫死亡，虫体只留下一个空壳。这个空壳内充满菌丝，成为真菌的菌核。春天，真菌的菌核开始生长，入夏从已死亡的昆虫的头部长出一株类似于“小草”的玩意儿来，这便是虫草，又叫

冬虫夏草

冬虫夏草。

虫草分布于四川、云南、青海、西藏、贵州、甘肃等省，生长在海拔 3000 ～ 4000 米的高山灌木丛和高山草甸之中。虫草以菌体入药，味甘性温，有滋肺补肾、止咳化痰、止血化瘀的功效，中医有“功同人参”之说。

现代医学研究证明，虫草含有虫草素，虫草素有抑制癌细胞增殖的功能。

大血藤

大血藤

在深山密林之中，溪流边上，有一种长达 10 余米的木通科大血藤属植物缠绕在其他树木上。它的藤茎呈褐色，圆柱形，有条纹，被砍断处有红色汁液流出，因此，称这种怪藤为大血藤，又名红藤、血藤、大活血。

大血藤是一种中药，以藤茎入药，秋、冬二季采收，将其洗净、切片、晒干，即成药材。大血藤辛温，可祛风湿，通经络，活血，消炎，可治疗风湿性关节炎、阑尾炎；与青木香、大蒜配合，可治疗急性肠炎。

大血藤根亦可入药，处方名红藤根，活血通络，可治经闭痛经、肠痈腹痛、热毒疮疡、跌打肿痛、风湿痹痛等。

卷柏

卷柏是一种贵重的中药材，又名铁拳头、九死还魂草等，中药处方名为卷柏。卷柏是卷柏科卷柏属多年生草本植物，全草入药，全年可采收，洗净晒干即成药材。

卷柏生长在人迹罕见的荒山野岭、悬崖峭壁上。卷柏有一种特别的本领：当天气干旱时，它的小枝便卷缩如拳，似乎已经枯死，但当雨水、温度适合时，卷柏便“活”了过来，小枝舒展开，继续生长。在卷柏一生中，经过多次的“枯死”与“还魂”，才能长大和繁衍，因此被人称为“九死还魂草”。

卷柏抗干旱的本领十分惊人，其含水量降到5%以下时，还能保持生命活力。有人将压制多年的标本卷柏浸在水中，它竟“还魂”复活了。美洲有一种卷柏更厉害，它在干旱时卷缩成圆球，随风滚动，遇到有水的地方便将小枝伸开生长繁衍，遇干旱再卷缩起来逃跑。

卷柏是一种收敛止血药，可治疗小儿惊风、哮喘等。

卷柏

三、不畏恶劣环境的植物

生命女神啊，你的花篮里，还装着什么宝贝？

噢，不畏严寒的地衣，不畏骄阳的“光棍树”，不畏盐渍的红树。还有那些天不怕、地不怕的雪绒花、雪莲花、仙人掌……

它们不畏恶劣环境的本领会让你惊掉下巴呢！

1. 不怕严寒的地衣

除了我们熟知的松树、红梅、蜡梅等植物有令人叹服的傲雪欺霜品格外，还有一些耐寒植物的抗寒本领更是大得惊人。地衣恐怕是世界上最耐寒的植物了。它的忍耐力惊人，能忍受-273℃的低温！

还有一些植物，耐寒的本领也不小。阿尔泰山的银莲花，

地衣

能在 -10℃的环境中，从很厚的冰雪缝中钻出来。松树的松针在 -20℃还能呼吸。杜鹃花属的越冬花芽细胞在 -30℃下也不会结冰。红日藻在 -34℃发育健壮。北极地带的辣根菜在 -46℃的低温下仍能含苞吐艳。白桦树也是一种不怕冷的植物，曾有科学家做过实验，如果把白桦树置于逐步冷却的环境中，它竟能经受住 -195℃的低温。

植物有一些什么本领使它们能傲雪欺霜呢？一年生的植物，在寒冷到来之前，便已开花结果，以耐寒力极高的种子来经受严寒的考验。为了躲过严寒，保存物种，有的植物只好缩短本来就有限的生命。在帕米尔高原就生长着一种名叫罗合带的短命植物。每当六七月份刚有暖意，罗合带便匆匆发芽生长，只过一个月，就长出两三条枝蔓，接着赶紧开花结果，结束短短的一生。

很多植物则是靠巧妙的防寒生理结构，来同寒冷斗争的。随着气温的降低，植物体内的细胞会发生一系列生理变化。由于这些变化，在一般寒冷条件下，植物细胞不会结冰。当气温降到细胞液的冰点以下时，植物细胞会采用质壁分离空间结冰、细胞质高度浓缩等一系列非常手段来傲雪欺霜。

2. 不畏骄阳的“光棍树”

生长在非洲干旱地区的“光棍树”经年不长叶子，枝干光溜溜的。那里不仅很少下雨，而且骄阳似火。“光棍树”为了生存，只好使叶片变小，并且迅速脱落，来最大限度地减少水分蒸发，只靠绿色的树干进行光合作用。

光棍树

在干旱少雨、阳光强烈的地区，不少植物练就了一套套躲避骄阳、减少蒸腾作用的本领。在我国北方地区的草原上，生长着一种野莴苣。野莴苣为了减少水分的散失，叶片不是以平面向着太阳，而是刀刃似的向上，与地面垂直，以避免阳光直射，同时叶片的两面受到等量光照，都能进行光合作用。

有的植物适应阳光的能力更奇特，它们能转动叶片自动调剂光照。除了向日葵一类趋光植物以外，还有一类植物靠叶片转动、闭合，避免强光照射、水分过分散失。比如，槐树的小叶能随太阳转动。旭日东升，槐树的小叶向两侧水平舒展，尽量吸收阳光。中午阳光直射时，小叶逐渐向上竖起，以避免阳光过强导致水分散失太多。夕阳西下，光线变弱，小叶又会慢慢舒展开来。

槐树

不畏骄阳的植物，在沙漠里数量最多，它们的最大本领就是用各种方法尽量贮水并减少水分的散失。非洲沙漠中有一种叫沙那菜瓜的植物，有人将其放在干燥的玻璃柜中贮藏，8 年不浇水，重量从 7.5 千克减至 3.5 千克，仍顽强地活着，每年夏季都还要发芽呢。

3．“植物骆驼”仙人掌

沙漠中的仙人掌被称为“英雄花”，因为它能在极端干旱严酷的自然环境下顽强地生长，给沙漠地区带来了蓬勃生机，还能起到防风固沙的作用。

仙人掌类植物有一种特殊的保水本领。有人在美国亚利桑那州的沙漠里曾做过一项仙人掌类植物保水能力的试验。他们把一株 37 千克重的仙人球放在室内，6 年来从不浇水，结果仙人球仍活着，还有 26 千克重。因此，人们把仙人掌称为“植物骆驼”。

仙人掌类植物为何抗旱能力如此强呢？那是因为它在干旱的环境中，叶退化为针状，以减少水分的蒸发；茎的表皮有一层又厚又硬的蜡质作为保护层，有的还密生有茸毛，可以防止强光照射，防止水分蒸发；而且，它的贮水能力又很强，茎肥厚多汁，有发达的薄壁组织细胞贮藏水分。

除此之外，它的细胞还有一种抗旱机制。其细胞质在原生质失水时仍能保持部分结合水。结合水以近似结晶水的状态存在，不易丢失。这样，它们在干旱时便不会因脱水而死亡。这也是很多耐旱植物的共同特征。

仙人掌是仙人掌科植物的总称，包括了 2000 多个品种，有掌形、球形、柱形等各种形态，比如仙人柱、仙人山、仙人球、仙人鞭、昙花、令箭荷花、蟹爪兰等。墨西哥是有名的仙人掌产地，共有 1000 多种仙人掌。它们形形色色，千姿百态，铺满了墨西哥的荒漠，是墨西哥的国花。

4. 耐涝的植物

我们都知道植物是怕水淹的，旱涝灾害中的涝灾便是指植物被水淹而大批死亡的生态灾难。但有一些植物却不怕水淹，你看，在九寨沟的海子中，美丽的水生植物郁郁葱葱；池塘里，藻类植物兴旺繁茂；藕池中，荷花鲜艳夺目！这些都是水生植物。

这些不怕水淹的植物，都有一些特殊的排涝本领。它们都有四通八达的通气系统和发达的排水器。藕生长在几乎不含氧的淤泥里，但它在地下有一个由藕节组成的气体输送系统，能通过与挺出水面部分的叶片供给氧气。

你可曾注意到，在荷叶上常有许多晶莹透明的细小露珠？这并不是外界带来的，而是当外界气压太低使荷叶的蒸腾作用减弱时，荷叶中的特殊排水器就会启动，通过荷叶中央的排水小孔将水排出而形成的。

不少水生植物的叶片往往很特殊。金鱼藻的叶子是丝状的。

这种细弱柔软的丝状叶可以大大增加与水的接触面积，使叶子能最大限度地得到水里很少能得到的光照。

伊乐藻的叶子很薄，只有两层细胞，而它能使两层细胞都直接与水相邻，与金鱼藻的丝状叶有着异曲同工之妙。

水毛茛（gèn）扎根泥中，茎伸出水面，有两种叶子。一种呈丝状，适宜在水中生活；一种平宽，则有利于在水上接受阳光。

菱的叶子有两种：一种是躲在水中的沉水叶，分裂成细丝状；另一种是聚坐于茎顶的漂浮叶，长得四四方方，叶柄膨大，会变成浮囊，帮助叶子浮在水面上。

金鱼藻

5. 不畏盐渍的红树

在我国广西、广东、海南岛等地的海水中，生长着一片片红树林。这些红树林中的树木，不仅不怕水淹，还不怕盐渍，在海水中生长良好。红树林中的树木，之所以不怕盐渍，是因为它们有抗盐的生理机制。红树根部能抵抗盐分，根部长满了树瘤，海水通过毛孔，浸入树体的盐 99% 可被毛孔过滤；红树的叶很硬，含有排盐腺体，能把多余的盐分排出体外。由于红树有淡化海水的特殊功能，被誉为“植物海水淡化器”。

红树林并非指树叶红如枫，而是因其树皮能制造一种棕红色染料而得名，是一大类植物的总称。红树是生长在热带、亚热带海岸泥沼地带的一类小乔木，全世界共有 82 种，我国就有

29 种。

像红树这样能抗盐碱的植物世界上还有很多。柽柳、胡杨、瓣鳞花等植物抗盐碱能力都很强。它们能生长在含盐分很高的盐碱地里，抗盐碱的绝招就是泌盐。它们虽然吸进了大量的盐分，却不会积累在体内，而是将盐分连水分不断地从表面的泌盐腺排出。这一类是泌盐植物。

还有一种稀盐植物。它们抗盐碱的绝招是大量吸进水分来稀释盐分，如小麦、大麦等农作物。聚盐植物则采取“以毒攻毒”的策略，把根吸收的盐分排到由特化的原生质组成的盐泡里去，并抑制这些盐从盐泡跑到细胞其他原生质中去，如盐角草、碱蓬等。

还有一种叫长冰草的拒盐植物，其根系有拒吸盐分或减少吸盐分的本领。

红树

6. 傲雪挺立的蜡梅

梅花，是最受国人喜爱的“岁寒三友”中的老三，有红梅、绿梅、春梅、干枝梅等，是蔷薇科李属植物。梅花是落叶小乔木，长寿树种，寿命可达千年以上。中国古梅多数在云南。云南有3株高寿元梅和9株明梅。昆明黑龙潭公园现存多株树龄在300年以上的古梅，以唐梅最为著名。湖北黄梅有一株晋梅，树龄有1660多岁；浙江天台有一棵隋梅，树龄约为1400多岁。

梅花原产中国，全国各地均有栽植，每年从12月到次年4月，冬春之交，我国从南到北次第开放。在万花纷谢之时，梅花以其冰肌玉骨凌霜斗雪，不畏艰险，不屈不挠，傲然挺立，是我国民族精神的象征。现代著名画家史忠贵就曾将他的巨幅墨梅名作题名为“国魂”。梅花所象征的这种精神，使梅花和象征中华民族精神不同侧面的松、竹获得了“岁寒三友”的美名。因此，历代文人学士用诗、书、画等形式，留下了赞美梅品的众多传世佳作。

其实，真正在严冬开花的不是梅花，而是蜡梅。蜡梅有素心蜡梅、磬口蜡梅、狗蝇蜡梅、小花蜡梅之分。素心蜡梅香浓色纯花特大，又称荷花梅，为上品；磬口蜡梅香气较浓，花心

紫色者又称檀香梅，为中品；狗蝇蜡梅，花小香淡，为下品，多作砧木用；小花蜡梅，花径特小，香味浓。

鄢陵蜡梅自古有名，旧有“鄢陵蜡梅冠天下”之说。江西的庚岭、上海、扬州、重庆、成都等地，都是蜡梅的著名产地。近年来，还在神农架和秦岭一带，发现有大片的野生蜡梅林。

蜡梅，别名腊梅、蜡木、黄梅、香梅等，蜡梅科蜡梅属植物。蜡梅为落叶灌木，树高可达 3 米，亦可培养成 4 ～ 5 米高的小乔木。蜡梅这个名字曾引起不少人误解，以为蜡梅花开在腊月而得名，还有的误认为是梅花的一种。事实上蜡梅属蜡梅科落叶灌木，梅花却是蔷薇科落叶乔木。明朝李时珍在《本草纲目》

蜡梅

记载："蜡梅，释名黄梅花，此物非梅类，因其与梅同时，香又相近，色似蜜蜡，且腊月开放，故有其名。"

蜡梅原产于中国中部的秦岭、大巴山、武当山一带，生于山坡灌木丛林中或溪边，适于长在土层深厚、肥沃、疏松、排水良好的微酸性沙质土壤中。

据《本草纲目》记载，蜡梅可以解暑生津、开胃散郁、解毒生肌、理气止咳，可用于暑热伤津、头晕呕吐、脘腹胀满等症。

在古代，女性会把蜡梅花穿在细金属丝上作为头饰，还会把蜡梅枝放在衣柜里，以增添香气。

蜡梅花颜色清丽，不减红梅：香味浓郁，胜似红梅；寒冬开花，斗霜傲雪，花品较红梅略高一筹；寿命可达500～600年，而且越老越怪，越老越奇，是制作大型树桩盆景的理想材料：故蜡梅名品、树桩盆景价值较红梅还贵，亦深得我国人民喜爱。

然而，真正耐严寒的植物则是在极地、高原以及我国北方生长的植物，如各种松柏科的植物及杨树等。

7. 南极植物

南极的气温很低，屡创地球极端低温纪录。1885 年的 2 月，在位于北纬 64° 的奥依米康，人们测得了 -67.8℃最低温度，这里第一次正式获得了世界寒极的称号。1957 年 9 月，在位于南极“极点”的美国安莫森 - 斯考脱观测站，又记录到一个更冷的 -74.5℃的温度。1960 年 8 月，在位于南纬 72° 的苏联“东方”观测站，最低温度达 -88.3℃。1967 年，挪威在南极点附近记录到 -94.5℃的气温，这是迄今为止测得的最低温度！

世界上最耐寒的植物，也许应该是在南极极端低温环境中生长的苔藓和地衣了。它们

是植物界的耐寒冠军，在南极和北极能见到的植物只有它们。

苔藓结构简单，但却是最原始的高等植物，喜欢生长在潮湿的地面、岩石和墙壁上，仿佛是大自然的一张张绿茵茵的地毯和壁毯。

小小的苔藓看上去不起眼，经常被人忽视，但它在自然界中的作用却是不可估量的。苔藓植物是继细菌、地衣之后自然界的又一拓荒者，生长在裸露的石壁上，密集丛生。如果没有这些植物做先锋，那些裸露的沙地、荒漠和岩层等，将永远是不毛之地。由于这些植物能分泌出一种酸性物质，使岩石面逐渐融化，再加上它本身枯死后分解的有机质等，经年累月地逐渐形成一层土壤，为那些后来的植物提供了生长条件。

古人很早就开始利用苔藓堵墙缝、隔热、塞枕头、做被褥，有的还用它来做装饰、疗伤等。到了现代，人们人工栽培苔藓，装饰公园、庭院。在藓类中，泥炭藓的应用较广。它吸水力极强，质地松

软，能抗菌，它还可用来包扎花卉、树苗等，既通风又保湿。有些种类的泥炭藓还可做草药，能清热消肿，可治皮肤病。另外，泥炭藓还是决定泥炭层深度和沉积度的最主要植物。泥炭是由苔藓、苔草、芦苇及灌木死后的遗体积聚和挤压造成的，是一种很好的燃料，工业上可用它来发电，还可用于园艺栽培等等。

植物界从苔藓植物开始才有胚的构造，而且胚受到母体的保护，这是苔藓植物的一个重要特征。另外，苔藓植物一般都有茎和叶，所以属于高等植物。与此相反，藻类植物、菌类植物和地衣植物在生殖过程中不出现胚，没有茎和叶，所以属于低等植物。

苔藓植物的细胞内含有叶绿体，能进行光合作用，独立生活。苔藓植物吸水和保水的能力都很强，受精离不开水，适于生活在阴湿的环境里。

苔藓植物分布很广，世界各处都有，约有 2.3 万余种。我国已知的约有 2800 种，少数生长在比较干燥的岩石上，多数生长在阴湿的环境中，如森林下的土壤表面，树干和树枝上，沼泽和溪边，墙脚湿地以及多云雾的山地。

在改造沼泽方面，由于苔藓植物生长快，吸水力强，往往会把那些沼泽的积水吸干，它死后又能填平凹地，并且不断地向沼泽中心扩展，使草本、木本植物跟踪而来。

森林常是苔藓植物繁茂生长的场所。在这些植物密生的地方，苔藓起到防止水土流失的作用。但是苔藓过于繁茂，积层过厚，对树种的萌发和林木的更新也有不利影响。在园艺上，常利用苔藓植物作为包装运送苗木、块茎以及播种后的覆盖材料。

苔藓植物中，已有50多种被用作药物。例如，有清热、补虚、通便功效的土马鬃，有治水火烫伤功效的大羽藓，有安神镇静功效的回心草，有治疗冠心病的暖地大叶藓等。

地衣植物是由真菌和藻类共生所构成的复合有机体。藻类制造有机物，真菌吸收水分、无机盐并包裹藻体，特别耐干旱，是拓荒的先锋。

地衣可以用作高山和极地动物的饲料，特别在寒带、亚寒带地区的国家和民族，在漫长的冬季，驯鹿吃不到杂草、嫩枝、嫩芽，就以地衣作为主要饲料。如中国东北大兴安岭的鄂温克族和北欧的一些国家和地区，把地衣像割草一样收藏起来，作为饲养动物的冬季饲料。

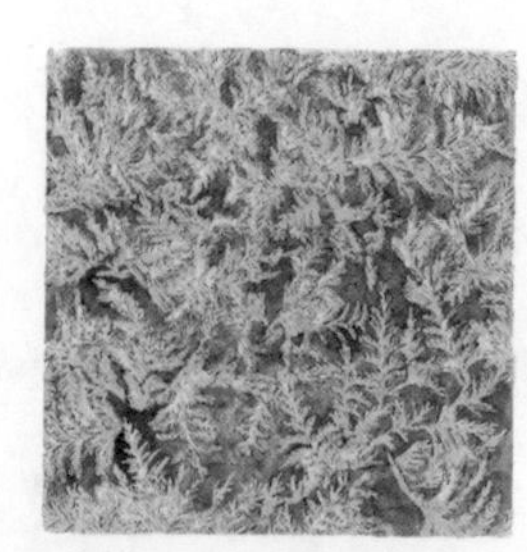

8. 高山杜鹃不畏寒

“冰雪林中著此身，不同桃李混芳尘。”这是元代著名画家兼诗人王冕对梅花的咏赞。其实，只要去过中国西部的高山高原，而且对现代植物学稍有涉猎的话，就会知道，真正不畏风霜严寒的岂止梅花。中国是杜鹃花原产国，它分布在海拔 500 ～ 5000 米的广大区域。它们常常与冰雪为伴，在雪花的飘洒下竞相绽放。在中国的长江流域，杜鹃花被称为映山红，在东北地区长白山一带，朝鲜族同胞称之为金达莱花，在西南横断山区彝族同胞称之为索玛花，在广大藏族地区则被称为格桑花。

杜鹃花

在四川甘孜州海螺沟冰川区有杜鹃花开雪花飘的旖（yǐ）旎（nǐ）；而在广大的青藏高原，无论是在奔腾激越的雅鲁藏布大峡谷，还是在起伏绵延的喜马拉雅群山，在不同的海拔高度、不同的时令季节中，都可以看到各种各样的杜鹃花竞相绽放。在降水丰富、气候温暖的中低山地区，它们枝长叶大，一年四季葱绿满树，开花季节时花团锦簇；在海拔高、气温低、降水

也不十分充沛的地区，它们则变身低矮，由乔木变灌丛，叶碎枝细，然而在花季时仍然艳丽超群，为天寒地冻的冰雪王国平添无限生机。在喜马拉雅山冰川区海拔 3000 ～ 5000 米的地带，常常可以观赏到栎叶杜鹃、紫斑杜鹃、凝毛杜鹃、紫背杜鹃、腺房杜鹃和雪层杜鹃点缀在茫茫冰雪世界中。

位于雅鲁藏布大峡谷入口附近南迦巴瓦峰西坡上的那木拉杜鹃林，壮观而美丽。这是一片以高大型乔木杜鹃树组成的原生杜鹃林。其实，它们的分布高度和中国内地大多数区域相比也不算低了，海拔高度为 3000 ～ 4000 米，应该称之为高山杜鹃。沿着小路穿行，树林中是一株株遮天蔽日的杜鹃树，这些杜鹃树的胸径多在 30 ～ 40 厘米，最大胸径可到 80 厘米，树高平均为 15 米，最高者可达 30 多米，这种杜鹃主产于喜马拉雅山脉，又被称为大

树杜鹃。

那木拉山上的树形杜鹃属于常绿树种，树叶呈长椭圆形，长 15 ～ 25 厘米，宽 5 ～ 10 厘米，猛地看上去和内地的枇杷树叶差不多；树根顽强地盘扎在第四纪古冰川后退时留下的冰碛石砾之中，犹如龙爪虬曲。树身呈紫红色，光滑油润，主干身形更是一木九弯，极具天然园林造型。花期均在每年的 4 ～ 6 月，随着海拔的升高，渐次绽放，花色有白，有红，有淡黄，有浅绿，有粉红，有紫红，即使是一棵树上的花也有好几种颜色，一朵花的花瓣也有不同的色彩。树形杜鹃的花朵盛开时花团锦簇，像是人为地束扎在一起似的。从林外高处看去，只见花不见树，更见不到那陪衬的绿叶了。

其实，在雅鲁藏布大峡谷地区四周的高山之上，又岂止一个那木拉，还有多雄拉、西兴拉、色季拉、丹娘拉、德阳拉等山上都生长着包括大树杜鹃在内的各种各样的杜鹃，如小叶杜鹃、平卧杜鹃、朱砂杜鹃等。

不少高山杜鹃的根、茎、花、叶还可入药，含有黄酮类、萜类、苷类、酚类、鞣质、挥发油等多种化学物质，其中有些成分不仅可用于活血止痛、祛风利湿，还有祛痰止咳、降低血压、抗菌等多种功用。当地人要是不小心将手、腿等划破流血，便会将捣碎的杜鹃叶敷在伤口处止血消炎，据说比他们随身带的创可贴还管用呢。

9. 雪莲花

雪莲花是高山冰川地区特有的独傲冰雪怒放的一种菊科凤毛菊属植物。

雪莲花常见的有两种，一种是喜马拉雅雪莲，一种是天山雪莲。

按传统形态而言，生长在海拔 3000 米以上地带的天山雪莲更名副其实：宽大的莲叶，淡绿黄白的花瓣，棕色中带褐黄的花蕊，生长在天山冰川附近的冰碛（qì）地带的岩缝中。每当 7～8 月份雪莲花盛开季节，它们争奇斗艳，散发出一种略带中药气息的芬芳香味，因为这种雪莲花主要生长分布在中国的天山山脉，所以被称为天山雪莲。

有位科学家在 20 世纪 80 年代初期去博格达峰冰川考察时，发现他们营地的帐篷周围全是盛开的天山雪莲花。一场大雪之后，在雪花的簇拥下，这些雪莲花更显得无比的娇媚。他们早晚进出帐篷时格外小心翼翼，生怕踩坏了它们的花，弄残了它们的叶。天山雪莲花陪他们度过了将近一个月的美好时光。

过了几年，当这位科学家再去博格达峰时，却只见残根遍地，唯独少见盛开的雪莲花。原来随着登山旅游的开放，不少

游客留下了他们的生活垃圾，又采走了那些以冰雪为家、为人类增添秀色的雪莲花。再后来又听说，有人一麻袋一麻袋地将天山雪莲花采运到乌鲁木齐高价出售。由于大量的破坏性采挖，天山雪莲已处于濒危的状态。

喜马拉雅雪莲同样生长在高山冰缘区，海拔高度从3500米开始可以一直追踪到5500多米高的山地冰川雪线附近。喜马拉雅雪莲叶绿花白，白中还隐隐呈现一种紫红色，无论叶间和花间都生长着白色绒毛，莲叶层叠错落，花瓣顶端生有紫色花蕊。和天山雪莲相比，喜马拉雅雪莲没有浓烈的中药味，但同样可以闻到令人神怡的芬芳气味。喜马拉雅雪莲常常怒放在一些公路经过的山垭口附近，令初上高原的人们生出一阵阵惊喜。西藏当地人很少去采摘它们，因为藏族同胞们爱护高原上的一草一木，他们认为每一种动物、植物都和人类一样有灵性，彼此都不应该受到无辜的伤害。

10. 雪绒花

向极端环境挑战的还有生长在北极地区的北极棉花，俗称“雪绒花”。

斯瓦尔巴群岛位于北纬 74°～81°，东经 10°～35°之间，由四个主要的岛屿组成，面积约 6.2 万平方千米。在第四纪冰期时，这里曾经被冰川完全覆盖，在最近 1 万年以来，由于气候变暖，虽然岛上仍然冰川遍布，但周围的海水冬天冻结，夏季融化，近海以及低洼处也露出了片片裸地，裸地上有冰川融水补给的河流，河流两岸生长着片片苔原、蒿草。在这斑状分布的苔原中，不时可以看到一种白如雪片的花，这就是北极棉花。北极棉花看上去绒绒的，在挪威斯瓦尔巴群岛的小镇朗伊尔城附近的一些河滩地上显得特别可人，经风一吹，似白雪飘地，花丛中发出细细袅袅的声响，像一曲催人沉思的轻音乐，久久飘荡在北极的海湾、海滩上。

雪绒花又名火绒草、薄雪草，是菊科火绒草属多年生草本高山植物，原产西欧寒冷高海拔地区，植株平均高 15～40 厘米，花朵呈白色的伞房形状。

雪绒花性寒，味微苦，因具有独特的药用价值而闻名，具有清热凉血、益肾利水的功效。雪绒花还具有美容养颜的功效，有滋养肌肤、延缓衰老的作用。

雪绒花共有 40 多个种类，主要生长在欧洲的阿尔卑斯山脉中，被奥地利人奉为国花。由于多分布在海拔 1700 多米的山地中，且极为稀少，奥地利人都说能见到雪绒花开的人都是英雄。一些年轻人为了表达对心上人的爱情，不惜攀爬到陡峭的岩壁上，冒着生命危险去采摘一朵象征勇敢和爱情的雪绒花送给自己心爱的人。在斯瓦尔巴的朗伊尔城，允许来访者采摘一两朵雪绒花以作纪念。

雪绒花

四、我们的食物之源

生命女神创造了生命，形形色色的动物和植物，相互依存，相互制约。人类为了自己的生存需要，驯化、培育、种植了许多植物。栽培出来的植物继承发扬了生命女神的魔法，又变化出许多了不起的新植物。

1. 米饭是这么回事

在生命女神的花篮里，水稻无论如何都是最重要的植物。

因为地球上有近一半人口，都以稻米为主食。而除了南极洲之外，几乎大部分地方都有水稻生长。

早在7000多年前，中国长江下游的居民，已经完全掌握了水稻的种植技术，他们已经把稻米作为主要食粮。

大米，小朋友们一定都吃过，可是当大米穿上外套的时候，没准小朋友就不认得了，这时候它的名字叫稻谷。

春天到了，每一颗水稻种子的身体里都有一种生命的力量在萌动，农民准备好平整肥沃的育秧田，然后把经过温水浸泡得胀鼓鼓的稻谷种子均匀地撒在育秧田里，这儿就像是水稻的幼儿园。灌满水的育秧田，淡绿的秧苗。

秧苗在育秧田里生长20～40天，农民就把他们连根拔起来，然后把秧苗三四棵一丛由插秧机整齐地栽入稻田。这道工序叫插秧。

在稻田里生长一周后，秧苗开始分蘖（niè）株，一株秧苗可以发出七八株禾苗。瞧瞧秧苗现在有多强壮，如果不离开舒服的幼儿园——育秧田，秧苗永远也不会有今天的发展和成长。

夏天，每株禾都抽出了一个稻穗，淡淡的稻花星星点点，迎风摆动。其实，这时它们正在完成一项重要的使命——传粉。

秋天，水稻慢慢地换上了金黄色的外衣，饱满的谷粒把稻穗压弯了。这时候，要把稻田里的水放掉。放干了田里的水，田地龟裂，看上去有许多奇怪的地缝。

瞧，收割机开过来了。水稻被从根部割倒，脱粒，干燥，送入谷仓。

再后来，稻谷脱去谷壳就变成大米了。

萌爷爷说，这是平原地区现代化种植水稻的模式。

在早期，农民需要一束一束，用镰刀从接近根部处将水稻割下，再扎起，用打谷机或者谷桶，将稻谷分离。

在中国云南、贵州、广西等西南山区，有许多漂亮的梯田。有些田块太小，无法使用机器设备，所以至今还是采用古老的收割方法。

层层梯田依山蜿蜒而建，从河谷而上，绵延整座大山，规模宏大，气势磅礴。梯田大小不一，大的如足球场，小的只有脸盆大，只能种几株水稻。

真美啊！层层梯田绕山村，条条渠道涌山泉。这是劳动人民在大自然中创作的最美的杰作。

七八千年前，人工栽培水稻起源于中原地区，是中华民族对人类重要的贡献之一。根据气温条件和不同品种，有些地区水稻一年种植一季，有的可以种两季或三季。

旱稻也叫陆稻，适应旱地生长，是水稻的变异型。全世界陆稻种植面积约占栽培稻总面积的12.7%左右。陆稻具有耐旱、耐瘠等特点，在全球人口膨胀、气候变暖、水资源短缺的情况下，陆稻的开发利用很有意义。

你有没有兴趣研究水稻呢？这能帮助更多的人吃上可口的大米饭哟。

故事广播站
科普小课堂
趣味测一测
百科小常识

2. 袁隆平爷爷的梦

每个人都会做梦，科学家袁隆平爷爷曾做过一个梦：杂交水稻的茎秆像高粱一样高，穗子像扫帚一样大，稻谷像葡萄一样结得一串又一串，袁隆平爷爷和助手们在稻田里散步，在水稻下面乘凉。

好奇特的梦啊，要是真能实现梦想就好了。

袁隆平爷爷几十年如一日地在田间地头研究杂交水稻，为的是让水稻能高产再高产。他一直在为自己的梦想努力着。

什么是杂交水稻？为什么要研究杂交水稻呢？

水稻一般都是自花传粉，产量并不理想。

1973 年袁隆平爷爷成功培育出世界上首例籼（xiān）型杂交水稻，因此被誉为“杂交水稻之父”。

如何提高水稻的产量？袁隆平爷爷经过四年的研究，带领团队从世界上几百个稻种中进行挑选探索，并在稻种的自花授粉上有了自己的想法。

如果能使两种不同的水稻杂交，取其杂交的优势，会不会有理想的效果呢？

要达到水稻杂交的目的，如何使水稻做到不自花授粉？

袁隆平爷爷认为野稻中可能存在他想要的东西。寻遍千山万水，终于，他在海南岛找到一株名为“野败”的野稻，这正是他想要的！袁隆平爷爷如获至宝，精心地用这株野败成功地与现有水稻配种，育出一些组合稻种。

这些组合稻种无法自体授粉，而需依赖旁株稻种的雄蕊授粉，但产量就能比原水稻增加一倍。

不过最初的几年，培育出的新稻虽然产量有所增加，但是却很不稳定。

袁隆平爷爷并没有放弃，仍一直在实验田里忙碌着，到了第九年，上万株的新稻都没有花粉，达到了新品种的要求，袁隆平爷爷的三系法杂交水稻终于培育成功了。

杂交水稻有许多优势，产量高，不易生病。实验成功后的杂交水稻在中国和世界许多地区广泛栽种，大幅度提高了水稻产量，解决了许多人吃饭的问题。

厉害吧，袁隆平爷爷为世界的粮食问题做出了如此巨大的贡献。

袁隆平爷爷一直为梦想中的杂交水稻努力工作，截至2017年，杂交水稻在中国已累计推广超90亿亩，共增产稻谷6000多亿千克。

2019年袁隆平爷爷曾说，他的工作主要有两个研

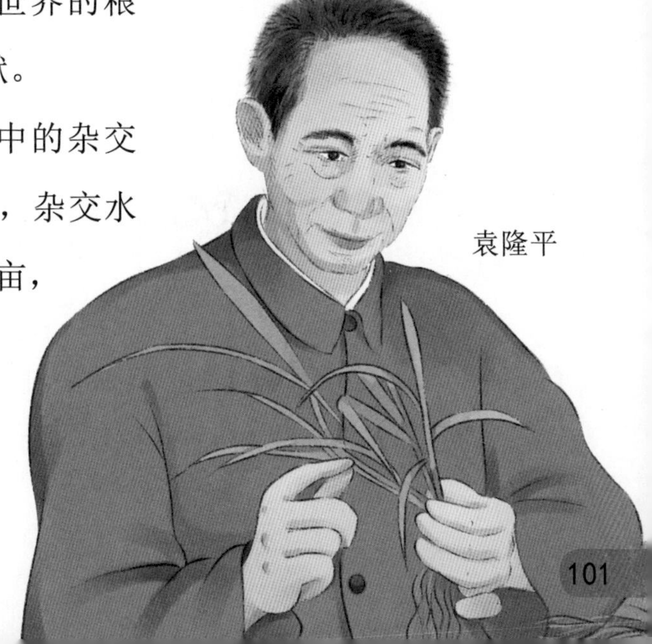

袁隆平

究方向，一个是达到水稻超高产量的冲刺目标，目前已经实现了亩产超级杂交稻 1000 千克，正在向 1200 千克冲刺；另一个任务就是研究发展耐盐碱的海水稻，中国有 16 亿亩盐碱地，其中有 1 亿多亩地适合种植水稻，通过袁隆平科研团队及广大农业技术人员的共同努力，力争 8 年之内扩展到 1 亿亩。

在科学的道路上，袁隆平爷爷敢想敢做，不怕吃苦流汗，他说："尊重权威而不迷信权威，要读书但是不迷信书，思想要解放一点儿，自由自在给了我很大的帮助。"

袁隆平爷爷赞成这样一个公式：知识 + 汗水 + 灵感 + 机遇 = 成功。

1999 年 10 月，经国际小天体命名委员会批准，中国科学院北京天文台施密特 CCD 小行星项目组发现的一颗小行星（编号 8117）被命名为"袁隆平星"。

在此，萌爷爷要特别说明，杂交水稻只能做粮食，不能做种子。杂交水稻的种子每年都是由农业专家特别培育的。

3. 爱吃面食的看过来

生命女神花篮中的小麦探出了头。

正好，轮到你了，小麦！萌爷爷与小麦可是有很深感情的。

在萌爷爷还是一个小男孩的时候，每当麦子快要成熟时，他常常和小伙伴们跑到地头，摘一书包麦穗，再到野地里挖个坑，把麦穗倒进坑里，拾一些干柴，放在麦穗上烧，等闻到有淡淡的麦香味时就可以将火弄灭，放凉以后把麦壳去掉，然后就有香喷喷的小零食吃了。

儿时的萌爷爷还会采来青麦穗，悄悄放到小伙伴的裤脚下边，麦穗上长有麦芒，像无数条小虫往上爬。如果你是第一次遭遇这个恶作剧，一定会被吓到。就算知道是麦穗，也没办法从裤脚把麦穗拿出来，只有到人少的地方解开裤带从腰间取出。

小麦原产于北非或西亚，是人类最早种植的粮食作物。在古埃及的石刻中，已有栽培小麦的记载。人们在古埃及金字塔的砖缝里发现了小麦。

据考古学家研究，大约在一万年前，当人类还住在洞穴里的时候，就开始把野生的小麦当作食物了。

小麦是禾本科植物，因为它长出的种子特别好吃，原始人

类就把它们拿来种植，这样采集起来会更方便，稍加管理，结的种子更多更饱满。慢慢就有了大面积人工栽培的小麦。

如今地球上小麦种植的总面积，居粮食作物种植总面积的第一位，收获量接近水稻的总量。

全世界有超过 40% 的人口以小麦为主食。

对了，我们常吃的包子、馒头、饺子、面包、面条等面食都是由面粉做成的，可是面粉是从哪里来的呢？面粉是由麦子变来的。

你知道小麦是怎样种出来的吗？

秋天，农民把土地耕得又松又软，把小麦种子播撒在地里。

小麦种子吸足了水分，小麦芽钻出了地面，绿油油的麦苗，一行行整整齐齐地排满了一望无垠的大地。

冬天，雪花一片片地飘了下来，厚厚地盖在麦苗上，麦苗就在雪被子里美美地睡大觉。冰雪冻死了那些可恶的病菌和害虫。

起来！起来！春天到了。冰雪慢慢地融化，大地湿润又温暖，这时候麦苗也长得特别快。

农民也开始忙着给麦田施肥、除草、杀虫。

不久，麦苗上长出一条条绿色的辫子，这就是麦穗。麦穗上有许多小花，这是小麦在扬花。这时候如果天气晴朗，微风

轻拂就最好了。小麦授粉均匀，慢慢就会长出胖乎乎的麦粒。

终于，在夏季到来之前，小麦的绿衣裳变成了金黄色。

麦子成熟了。

瞧，收割机来了，脱粒机也开过来了，人们把小麦从根部割下，把麦粒从麦穗上打下来。

原来，小麦就是这样来的。

由于播种和收获季节的不同，中国栽培的小麦有两种：一种是冬小麦，一种是春小麦。

冬小麦于 9 月底或 10 月播种，第二年 4、5 月收获。主要种植在长江流域和华北大部分较温暖的地区。

春小麦 3 月下旬至 4 月上旬播种，当年 7、8 月收获。主要种植在内蒙古、东北、西北等较寒冷的地方。

中国的长江黄河流域是世界上最早栽培小麦的地区之一，中国也是世界上较早种植小麦的国家之一。

小麦制成的面粉能烘烤成香喷喷的面包，做成我们熟悉的各种面食，发酵后还可制成啤酒、酒精、白酒等。

小麦是生命女神赐予人类最珍贵的植物宝贝。

4. 玉米——丰收之神

说到玉米，小伙伴们保准会说："我太了解了！夏天的时候人们常吃嫩玉米，看电影的时候会吃爆米花。"

可你知道，玉米也叫御麦，含有向皇上进贡的意思。

玉米是禾本科玉米属一年生植物，原产于南美洲的秘鲁、墨西哥一带。

玉米是古代墨西哥人的唯一粮食，被墨西哥人视为"玉蜀黍女神"的恩赐。每当玉米成熟，墨西哥人要将第一穗成熟的玉米献给"玉蜀黍女神"。

1492 年，哥伦布发现了新大陆，西班牙人将玉米种子带回欧洲，于是，"印第安种子"很快传遍世界各地。

欧洲人称玉米为"土耳其麦"，因为他们觉得玉米棒上的棕色须很像土耳其人的胡须。

16 世纪初，外国人将玉米作为贡品献给中国的皇帝，皇帝便下令在全国种植玉米，于是，这种叫作御麦的粮食作物在华夏大地被老百姓广泛种植了。

玉米也成了中国人爱吃的粮食和重要经济作物。

玉米对自然条件要求不高，在同样的气候条件下栽培，它

的产量要高于其他农作物。所以古印第安人把它称为丰收之神。

过去，玉米碴子饭、玉米窝头、玉米面饼曾是中国普通人家餐桌上的主食。因为玉米产量高，价格比米、面便宜，而且更抗饥饿。在粮食紧缺、经济不宽裕的年代，玉米成为中国人购买的主要粮食。

今天，中国人普遍过上了丰衣足食的日子，人们追求食物好吃还得营养全面，玉米又成了饭桌上的一道常见食物。可见，中国人对玉米也有很深的感情。

我们熟悉的玉米有黄玉米、白玉米和花玉米。其实玉米的品种很多，除了一般的普通玉米，还有许多特种玉米：如高赖氨酸玉米、高油玉米、甜玉米、爆裂玉米、糯玉米等。还有玉米笋，是连玉米心一块吃的。在这里，萌爷爷要告诉你：特种玉米的营养价值要高于普通玉米，鲜玉米的水分、活性物、维生素等各种营养成分也比老玉米高很多。

虽然玉米也是禾本科一年生草本植物，但玉米的长相与水稻、小麦及青草差别很大，因为，玉米从幼苗开始

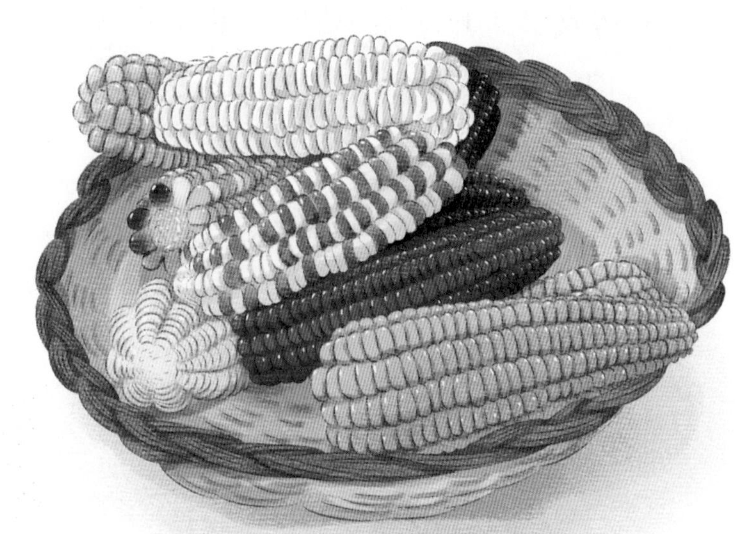

就比一般的青草长得高大威猛。因品种不同，玉米高度可达1～4米，玉米基部各节会长出粗壮的气生根（又称支柱根）来帮助支撑高大的玉米挺立不倒。

开花的时候到了，高大的玉米植株顶上抽穗开花，这是雄花，而雌花则被抱在玉米植株的怀里，通常叫玉米的胡须。这时小小的玉米苞吐出粉红或嫩黄色的花丝，这就是玉米的雌花。

玉米是雌雄同株异花授粉的植物，风儿吹过，顶上的玉米花粉就落到了雌花上，使雌花授粉后发育成为玉米的种子。

农民总喜欢将玉米和大豆在一起栽种，两种不同的植物，为什么可以在同一片地里生长呢？

请你来看一下，玉米长得高，喜欢阳光，根扎得不深，主要是吸收上层土壤里的养料，最喜欢氮肥。而大豆长得矮，根扎得深，需要的主要是磷肥和钾肥更多一些。

还有一点也很重要，豆科植物根部的根瘤菌有固氮的功能，可以吸收空气中的氮制造成氮肥。

因此，它们会共同成长，不会争夺阳光和养料，可以说是很好的合作伙伴。

玉米可以广泛用于食品、纺织、造纸、化工、医药、建材等行业，用途可大啦！

5. 不凋谢的棉花花朵

在生命女神的花篮中，棉花是最招人喜爱的。从古至今，它得到的鲜花与赞美一定是最多的，因为它给世界奉献了美丽与温暖，还有食物。

棉花一生要开两次美丽的花，第一次是真花，第二次是人们需要的棉花。

棉花可以纺纱织成美丽的花布，做成漂亮的衣服穿在人们的身上。那个美呀，尤其是小姑娘似乎也变成美丽的花朵了。

棉花还可以做棉袄、做棉被，冬天穿棉袄，盖厚厚的棉被，可暖和了。

随着科学技术的发展，现在，人们的衣服和使用的纺织品，有了多种化学纤维纺织品可选择，但棉花、蚕丝、麻等天然纤维纺织品仍然是有益人们身体健康的。

棉花的原产地在印度和阿拉伯，中国种植棉花也有 2000 多年的历史了。

大约 9 世纪的时候，摩尔人将棉花种

植方法传到了西班牙。到 15 世纪时，棉花传入英国，然后传入英国在北美的殖民地。

棉花是欧洲北部中世纪重要的进口物资，那里的人自古以来习惯从羊身上获取羊毛，所以当听说棉花是种植出来的，还以为棉花来自一种特别的羊，这种羊是从树上长出来的，所以德语里面的棉花一词直译是“树羊毛”。

中国、美国和印度是世界主要的种棉国，印度棉花种植面积居世界第一，中国棉花总产量却居世界首位。

棉花生长需要充分的热量、水分和日照及透气的土壤。一般在 4 月中下旬播种，经 7 ～ 15 天出苗，6 月上中旬至 7 月上旬开花，花朵可漂亮了，

有点儿像芙蓉花，花朵初开是雪白的，然后慢慢转成红色。

花朵枯萎后长出一个桃形青果子，叫棉铃，也叫棉桃。

小棉桃要生长一个多月，由小到大，然后青桃子成熟了，裂开了，从里面吐出了雪白的棉花，毛茸茸的花朵越开越大，越开越美丽。花朵要开 50 ～ 60 天，雪白的长长的纤维在阳光的照射下闪着银色的光芒。

棉花成熟了。人们把棉花一朵朵摘下，在工厂里去除杂质，去掉棉籽，经过加工梳理，就成为可以温暖人身体的棉花了。

将棉花纺成棉纱，可以织成各种棉布和美丽的花布。

最近，棉花家族又有了新品种，科学家培育出了彩色的棉花。这是在原来的白色棉基础上，用远缘杂交、转基因等生物技术培育而成的。彩色棉花仍然保持着棉纤维原有的松软、舒适、透气等优点，制成的棉织品可减少一些印染工序和加工成本，以减轻对环境的污染。

棉花还有一个值得骄傲的本领，它也是一种可以吃的植物。

每年大约有 2 亿加仑的棉花种子油被用来生产食品，比如薯条、黄油和沙拉调味品。

棉花还是制作牙膏和冰激凌的原料。

棉花现在也是做干花、做切花的好材料——因为棉花是永不凋谢的花朵。

6. 大豆变身大王

从生命女神的花篮里蹦出来几粒圆圆的小豆子："说说我吧，我也是最乖、最有用的一种植物呢！"

好吧，就让我们来说说大豆吧。

大豆是黄豆、青豆、黑豆和其他大豆的通称。

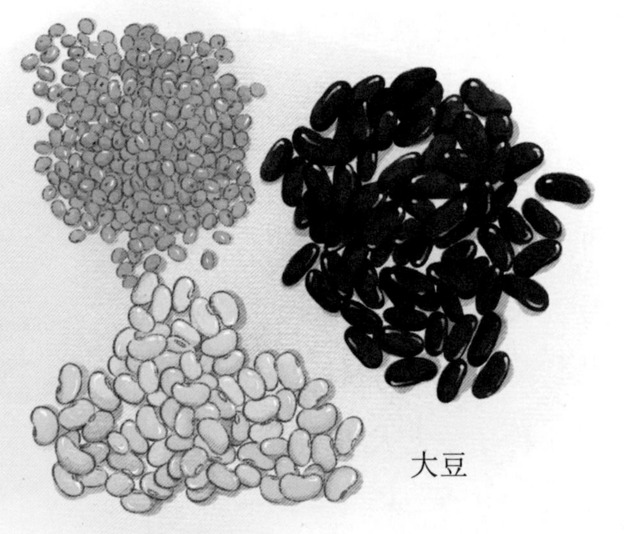

大豆

大豆的家乡在中国。中国学者大多数认为其原产地是云贵高原一带。也有很多植物学家认为是由原产中国的乌苏里大豆衍生而来。

可以肯定的是，现在种植的大豆是从野生大豆通过长期定向选择、改良驯化而来的。大豆是一年生草本植物，是世界上最重要的豆类。

大豆在中国已有5000多年的种植史，全中国普遍都有种植，在东北、华北、陕、川及长江下游地区均有出产，长江流域及西南栽培较多，以东北大豆质量最优。

大豆于1804年引入美国，20世纪中叶，成为美国南部及中西部重要的农作物。世界各国栽培的大豆都是直接或间接由中国传播出去的。

由于大豆的营养价值很高，被称为“豆中之王”“田中之肉”“绿色的牛乳”等，是数百种天然食物中最受营养学家推崇的食物。大豆虽然有营养，吃起来也很香，但是稍微多吃一点儿就让人难受，不好消化，还总让人放臭屁。

呀，这多难为情啊！大豆可真是生命女神最乖的孩子，它得到了女神变戏法的真传。中国人的智慧让大豆变成了豆腐、豆腐干、豆浆、豆奶、豆筋、豆豉、豆油……真不知道还有什么是它不会变的。

瞧，豆油可以加工成人造黄油、人造奶酪，还是制造油漆、黏合剂、化肥、上浆剂、油毡、杀虫剂、灭火剂的成分。大豆油脂肪含量很高，主要成分是有益人体健康的不饱和脂肪酸，如亚油酸、亚麻酸等，还具有富含人体必需的脂溶性维生素E、A、D，并容易被人体吸收，不含易引发心血管疾病的胆固醇等优点。

豆粉则是代替肉类的高蛋白食物，可

制成多种食品，包括婴儿食品。

大豆中所含的异黄酮是一种类雌激素物质，可弥补人体内雌激素的不足。

豆粕

榨油后豆粕是饲料工业的重要原料。

大豆容易栽培，特别是豆科植物根部长有根瘤菌，能自身固氮，将空气中的氮气转化为氮素营养，省了许多肥料。

前面讲玉米时就曾说过，大豆和玉米是好朋友，这两种植物种植在一起，大豆根扎得深，吸收深层土的营养；玉米根浅，吸收上层土的营养。大豆制造的氮肥还可以分一些给玉米。玉米帮助大豆遮挡了烈日的暴晒，两种植物共同利用了土地里的营养和地面上的阳光，使得杂草都没法生长。因此，这两种作物种在一起都能长得茂盛，比单独种一种作物的产量要高得多。

你明白了吗？大豆是一种多么可爱的植物呀！

7. 马铃薯爸爸

生命女神的花篮里开出了一片淡紫色的小花，五个花瓣中间是金色的花蕊。这是什么花呢？

这就是马铃薯开出的花朵，平凡美丽，非常可爱，它曾是皇后的饰品，也戴在村姑的发梢。

马铃薯原产南美洲的安第斯山区和智利的沿海地区，是当地印第安人的主要粮食。

安第斯山脉3800米之上的的的喀喀湖区可能是最早栽培马铃薯的地方。

在距今大约7000年前，一支印第安部落由东部迁徙到高寒的安第斯山脉，在的的喀喀湖区附近安营扎寨，以狩猎和采集为生，是他们最早发现并食用了野生的马铃薯。

印第安人为了感谢马铃薯对他们的养育之恩，亲切地称马铃薯为“爸爸”。

1536年，西班牙人将马铃薯引种到欧洲，此后马铃薯逐渐成为欧洲的主要粮食作物之一。

17 世纪马铃薯传入中国。

1785 年，法国闹饥荒，有人将马铃薯引到法国，以解燃眉之急。

可是，法国人认为马铃薯有毒，宁愿饿死也不敢吃。

法国国王路易十六为了说服民众，在花园内栽培马铃薯，并让皇后将马铃薯的花戴在头上作装饰品。

法国民众这才慢慢开始接受马铃薯，很快大家都喜欢上了这种食物，并称它为“地下苹果”。

其实，法国人担心马铃薯有毒并不是多余的，马铃薯中确实含有一种有毒物质，特别是在发芽的芽眼周围含量最多。这

种有毒物质叫龙葵素，人吃了会中毒，呕吐、发冷，因此，食用马铃薯时，要将在储存中发绿变青长芽的马铃薯的变色部位和芽眼部位挖掉才能食用。

马铃薯不能生吃，要经过高温将龙葵素破坏后食用才安全。

不过，匈牙利育种家培育出一种能生吃的马铃薯。这种马铃薯的蛋白质含量很高，营养价值与牛肉相当，洗干净可以当水果吃。

彩色马铃薯有紫色、红色、黑色、黄色、七彩色等。中国培育出以紫色、红色为主的彩色优质马铃薯。将紫色、红色马铃薯老品种与优良高产马铃薯品种杂交，改良筛选出100多种不同品系的彩色马铃薯。

彩色马铃薯可作为特色食品开发。由于其本身含有抗氧化成分，经高温油炸后彩色薯片仍能保持天然颜色。

有营养学家研究指出：每餐只吃马铃薯和全脂牛奶，就可获得人体所需要的全部营养元素。可以说，马铃薯是接近全面的营养食物。

马铃薯不仅可食，还可制成淀粉、橡胶、电影胶片、人造丝、香水等数十种产品。

8. 大蒜中的抗生素

大蒜是百合科葱属多年生植物，起源于中亚和地中海地区。早在 5000 多年前，人们就开始食用大蒜了。

当古希腊举办第一次奥林匹克运动会时，运动员曾通过食用大蒜来提高耐力。

古埃及人和古罗马人深信吃大蒜能治病，并使人身体强壮而勇敢。

2000 多年前，凯撒大帝远征欧非大陆时，命令士兵每天吃1 头大蒜以增强体力，抵抗疾病。时值酷暑，瘟疫流行，敌方士兵得病者成千上万，而凯撒士兵没有一人染上疾病。不用说，他们最后当然取得了胜利。

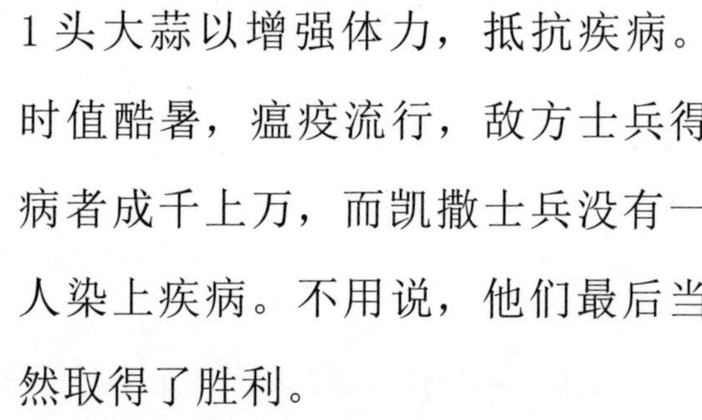

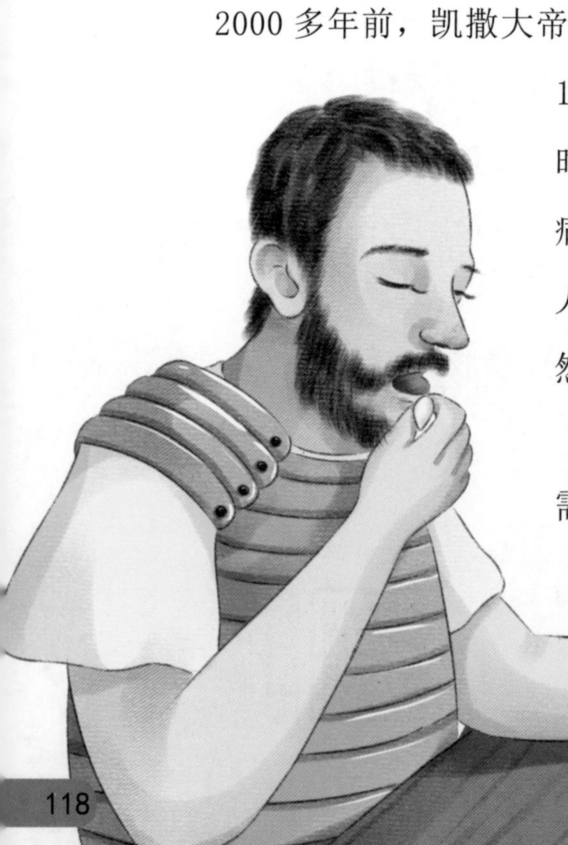

第一次世界大战中，英国的军需部门曾购买十吨大蒜榨汁，作为

消毒药水涂于纱布或绷带上医治枪伤，防止细菌感染。

第二次世界大战中，由于药品的严重缺乏，许多国家的军医都使用大蒜为士兵治疗伤口。

近代科学研究证明，大蒜中所含的一种挥发性物质——大蒜素，是一种植物抗生素，对致病的痢疾杆菌、葡萄球菌、霍乱弧菌和链球菌等有很强的抑制和杀灭作用。

不仅如此，大蒜还是防治心脏病、高血压，防止动脉粥样硬化的良药，能降低血液中的胆固醇含量。

更奇特的是，大蒜能增强人体抗癌免疫力，能阻断致癌物质——亚硝胺的合成和吸收的途径。

一般人都怕吃大蒜，可喜的是，大蒜能做蔬菜和烹饪作料，用蒜头烹制的大蒜肚条、大蒜鲢鱼、蒜茸白肉、蒜茸文蛤，用蒜薹烹制的腊肉蒜薹，用蒜苗烹制的回锅肉，等等，能使人食欲大振，胃口大开。

完整的大蒜无气味，只有在食用、切割、挤压或破坏其组织时才有刺鼻气味。吃完大蒜的人嘴里会有一股难闻的气味，吃者不觉，但周围的人能闻到。好在，人们开发出了“大蒜脱臭技术”，日本培育出无臭大蒜良种，弥补了大蒜的美中不足。

大蒜的品种很多，有的专用于蒜苗的生产，是一种小瓣蒜品种。

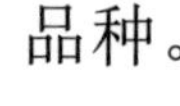

独头蒜则是因栽培管理原因造成的一种不正常的大蒜次生鳞茎，个头小，产量较低。但四川平原的独头蒜是优质的大蒜品种，又另当别论。

生大蒜，萌爷爷是不会碰的，实在太辣。但是由嫩大蒜腌制成的糖醋大蒜，却是萌爷爷的最爱呢。

冬季，萌爷爷还喜欢将大蒜瓣剥皮，放在清水里，加上小石子如水仙花般地养着。雪白的蒜瓣生出雪白的根须，配上嫩绿的蒜苗长满水盆，非常漂亮。

蒜苗

9. 你敢吃西红柿吗

你敢吃西红柿吗？

什么话呀？谁不知道西红柿维生素含量高，可以做蔬菜吃，也可以当水果吃。

萌爷爷就最爱吃西红柿啦。炎炎夏日，将西红柿去皮，拌上白糖，再放到冰箱里一冰，吃起来那个真是甜美爽口啊！

可是你知道吗？最初人们是不敢吃西红柿的，认为它有毒。

西红柿也叫番茄，原产于南美洲的安第斯山地带。在秘鲁、厄瓜多尔、玻利维亚等地，至今仍有大面积野生种西红柿分布。

这种生长在深山幽谷中的野生浆果，全身枝叶生有粘质腺毛，一触碰就发出强烈难闻的气味，连昆虫都远离它，而它的果实却长得十分诱人。

当地印第安人一直认为西红柿有毒，不能吃，给它取了个难听的名字——狼桃，还编造了许多可怕的故事，警告人们不能碰它，更不能吃它。

有这样一个传说。16 世纪，有位英国公爵到南美去旅游，

觉得西红柿十分可爱，便带回欧洲作为礼物献给了伊丽莎白女王以表达爱意。从此，西红柿的别名——“爱情果”“情人果”之名就广为流传，常作为象征爱情的礼品赠送给相爱的人。但那时的人们仍将西红柿作为观赏植物栽种在花园里，无人敢吃它那鲜红可爱的果实。

又经过了100多年，到了18世纪，有一位法国画家，看到又大又红的西红柿结满枝头，好看极了。他马上画了许多西红柿的画，后来实在忍不住这美丽果实的诱惑，便摘下一个红果子轻轻咬了一口，呀，真是酸甜可口，非常好吃。很快，一个又大又红的西红柿进到画家的肚子里。

这时候画家想起了关于西红柿的传说，他越想越害怕。他将自己吃了西红柿的事情告诉了朋友们，然后穿好衣服，躺到床上等待死神的降临。12个小时过去了，画家一点儿事都没有。

啊，原来西红柿可以吃！消息传开，从此西红柿成了人们喜爱的蔬菜和水果。

不过，吃西红柿一定要挑红的，因为没成熟的西红柿可不能吃，它含有有毒的龙葵素。发芽的土豆也含有这种毒素，发芽越多，毒素含量越大。不过，西红柿中的龙葵素会随着西红柿的成熟而逐渐消失。

另外，空肚子时也最好别吃西红柿，因为可能会引起肚子痛。

西红柿已被科学家证明含有多种维生素

和营养成分，如丰富的维生素 C 和 A 以及叶酸、钾等营养元素。特别是它所含的茄红素，对人体的健康更有益处。

西红柿的果实营养丰富，具有特殊风味，可以生食、煮食，加工制成西红柿酱、汁或整果罐藏。

西红柿酱是西餐汉堡包、炸薯条等的绝配，也是中餐的重要调味品。

西红柿的繁殖能力更是超强。动物吃下果实后，种子一般不会被完全消化，排泄出来就会将种子带到了其他地方，如遇到合适的条件，就会生长出西红柿苗，结出西红柿来。是不是很神奇？

和奔牛节一样，西红柿节也是西班牙闻名世界的传统节日，它最早开始于 1945 年，整个节日通常持续一个星期左右。举行时间是每年 8 月的最后一个星期三，举行地点是在西班牙瓦伦西亚地区的布诺尔小镇。每年的这个时候，来自世界各地的游客就聚集在布诺尔，和当地居民一道庆祝这个别具特色的节日。每次“西红柿大战”，数万人用 100 多吨西红柿作武器展开激战，使整个市中心变成了“西红柿的海洋”。

在这里，西红柿给人们带来的不只是丰收的喜悦，还有狂欢的快乐。

10. 茶的味道

对于萌爷爷来说，一天不吃饭也许可以，要是一天不让他喝茶，那可就不行了。茶是萌爷爷生命中最重要的味道。

茶有啥了不起的味道？不就是苦嘛。

才不是呢，茶里有人生的百味。只有会品茶的人，才能慢慢品味出来。

茶最早起源于中国。远古时代，神农尝百草，中毒的时候就用茶来解毒。

中国人陆羽（约733—804）在1000多年前，就写了一本书叫《茶经》。茶叶起源于云南、四川、贵州、广西等深山里的野生茶树，分为乔木型、小乔木型、灌木型三种。乔木树高可达几十米。南糯山大茶树，1950年被发现。这棵树位于海拔约1400米的茶树林中，树高55米，树幅10米，主干直径1.38米，要好几位小朋友手拉手才能围住。这是祖上人工栽培的茶树，树龄800余年，当地人称之为“茶树王”。

巴达大茶树位于勐海县巴达乡大黑山密林中，距中缅边界约七八千米。1961年被发现时，树高约32米，树龄约1700年，属野生大茶树。就树高和树龄而言，在山茶属植物中堪称老大。

现在我们在茶园里看到的茶树，是经人工培植、修剪形成的模样，便于人们采摘茶叶。

中国所产的茶叶分红、绿、青（乌龙）、黄、黑、白六大类。

绿茶是不经过发酵的茶，即将鲜叶经过摊晾后直接下到一二百摄氏度的热锅里炒制，以保持其绿色的特点。

红茶与绿茶恰恰相反，是一种全发酵茶。红茶的名字得自其汤色红。

黑茶原来主要销往边区。普洱茶是以云南大叶种晒青茶为原料，分为生茶和熟茶。生茶是晒青后精制蒸压成型；熟茶是人工渥堆发酵、加工形成的散茶和紧压茶。普洱茶具有降脂、减肥和降血压的功效，在东南亚和日本很普及。

不过真要说减肥，效果最显著的还是乌龙茶。乌龙茶也就是青茶，是一类介于红绿茶之间的半发酵茶。乌龙茶在六大类茶中工艺最复杂最费时，泡法也最讲究，所以喝乌龙茶也被人们称为喝工夫茶。

黄茶的制法有点儿像绿茶，不过中间需要闷黄几十分钟或几个小时不等。

白茶则基本上就是靠日晒或文火干燥后加工制成的。白茶和黄茶的外形、香气和滋味都是非常好的。

西藏、内蒙古等草原上的民族，吃肉比较多，茶叶就成了他们生活中不可缺少的饮品，可以补充身体必需的多种维生素。

如今，茶已经成为全人类的一种饮品。

五、有害的植物

事物总是具有两面性的。有的植物，对于其他生物来说是有害的。下面萌爷爷给你们讲几种干坏事的植物吧。

1. 植物侵略者豚草

很多人偏爱异域植物，在他们的眼里，外来植物是别具风采的，例如紫千屈菜和紫藤等外来植物，倍受园艺爱好者的青睐。但也有一些外来植物，一旦溜出家园，便会变成恶魔。

引种的植物变成侵略者，给当地植物带来灾难，这样的事例比比皆是。20 世纪 30 年代，豚草及三裂叶豚草被引入我国。结果，这两种草入侵农田，危害农作物，并在每年 7 ～ 9 月散发大量花粉，污染空气，引起花粉病。目前，这两种有害草已蔓延到全国 15 个省、市。

美国曾从欧亚大陆引进一种叫胡枝子的植物，它的根部长达近 8 米，如今在美国西部疯狂繁殖，四处蔓延，曾使西部一座本能养活 9 万头奶牛的牧场寸草不生，而胡枝子又不能做牧草，以致牧场最终荒废。

生长在森林中，耐阴力极强的一种芥属植物，正在威胁着从加拿大到美国弗吉尼亚州的土生野花；生长在美国西部的水风信子，其茂密的树叶遮天蔽日，破坏水生态系统，阻碍轮船航行。

而在地中海，则有一种外来入侵植物正在造成生态灾难。这种恶魔叫杉叶蕨藻，可能是由摩纳哥水族馆的废水排放出来的。这种恶魔溜进地中海后，在海底形成能杀死所有海洋生物生命的大网。至 2010 年，这种有毒的海藻已占领了海底 130 多平方千米的土地。当地人惊呼："狼来了！"

豚草

2. 专横跋扈的植物

为了争夺生存空间，许多植物都有与其他植物抢夺地盘的绝招。在美国西南部干燥的草原上，有一种山艾树，在与别的植物抢夺地盘的斗争中显得特别专横跋扈。在山艾树的地盘内，其他任何植物都会被它绞杀，包括杂草。科学家们认为，山艾树能分泌一种特殊的化学物质，这种化学物质能杀死其他植物。

在我国云南西双版纳的大森林中，野生的小叶榕树、黄葛树等为了争夺生存空间，显得十分残暴。它们在幼年时期，为了依附大树长大，将大树当妈妈，显得很温顺。可它一旦长大，得势便猖狂，绞杀靠近它们的每一棵树，包括曾经抚育过它们的寄生树。它们的根疯狂地生长，长成一张网，不久，这张网便将寄生树的根缠死。同时，它们的树冠超过了寄生树的树冠，将寄生树遮得严严实实，自己独享阳光雨露。不久，寄生树便被它们绞杀身亡。它们将寄生树变成自己的养料，不仅霸占了寄生树的地盘，还霸占了它们的身体。

人们引种时稍不小心，也会受这一类“恶树”损害，令人叫苦不迭。19 世纪 80 年代，美国为了美化环境，从南美洲引进了一种叫鳄草的植物。谁知，鳄草特别强势，凡有鳄草的地方，

其他植物几乎全部绝灭。如今，美国的好多地方都成了鳄草的天下。美国还从澳大利亚引进了白千层树。白千层树打败了当地的土著植物泾（jīng）草，泾草每年丧失不小比例的领土，要不了多久便会被赶尽杀绝。

大豆的寄生植物菟丝子，就是一种凶恶的寄生植物。它的金黄色细丝，犹如一根根绞索，一碰上大豆的茎，便缠上去，并生出许多寄生根，伸入大豆的茎、叶组织里吸取营养。

菟丝子是一年生寄生草本植物，通常寄生于豆科、菊科等多种植物上。菟丝子虽然凶残，其种子却是人类的良药，有补肝益肾、明目止泻的功效。

菟丝子

3. 赤潮祸首

在我国香港地区的海岸边，常有赤潮危害。赤潮一来，蔚蓝色的大海变成一片红色。在海上无风、天气闷热的时候，赤潮会延续一个月左右。这时，赤潮所到之处，发出一阵阵腥臭味，海里的蛏、蛤等软体动物大量死亡。

研究表明，赤潮的祸首是一种叫红海束毛藻的藻属蓝藻类植物。红海束毛藻群体很细小，大量繁殖时，成团成群地漂浮在海面上，由于它们体内的藻红素含量极高，可以把海水染红。阿拉伯半岛与非洲大陆之间的海面上盛产红海束毛藻，将海面

染红，这就是著名的红海。

红海束毛藻为什么会造成生态灾难呢？原来，红海束毛藻在海面无风、天气闷热的气候条件下，就会大量繁殖，这种海藻大量繁殖之后，随之而来的就是大批死亡，藻体被分解，产生硫化氢等毒素，杀死海洋植物和动物，给当地养殖、种植业带来巨大的危害。

红海束毛藻在我国南海、东海沿岸常有出现。我国渔民将赤潮称为“东洋水”，因为这种赤潮往往来自太平洋东面。每年秋冬，红海束毛藻大量繁殖，在海上形成红色的水团，远远望去，像一片红色的海洋。这片红色的海洋向岸边漂来，会引起渔民、种养殖户极大的恐慌。

红海束毛藻虽然有效地争得了自己生存和发展的空间，却是以牺牲其他生物的生存空间为代价的，实在是令人讨厌。

4. 有毒的花卉

不少花卉有不同程度的毒性，在莳（shì）养中要注意防护。

仙人掌类植物的刺内含有毒汁，注意不要被刺伤，人被刺伤后会引起皮肤红肿疼痛、瘙痒。霸王鞭、虎刺梅的茎中含的白色乳汁有毒，特别注意不要入眼。多浆花卉光棍树茎干中的白色汁液有毒，不慎进入眼睛，严重者有引起失明的危险，如果接触到皮肤也会引起红肿。

含羞草内含有毒的含羞草碱，接触过多会引起毛发脱落，眉毛稀疏。

水仙

石蒜的鳞茎内含有石蒜碱等有毒物质，吸入呼吸道后会引起鼻出血，与皮肤接触会引起红肿发痒。如果误食石蒜，严重者还会有生命危险，可因中枢麻痹而死亡，轻者也会引起呕吐、腹泻、手脚发冷、休克。

水仙的叶和花中的汁液有毒，能致皮肤红肿。它的鳞茎内含有有毒物质拉可丁，误食会引起肠炎、呕吐。

花叶万年青的花、叶内均含有对人体健康有影响的草酸和天门冬素，误食后严重者可使人变哑，轻者也会引起口腔、咽喉、食道、肠胃肿痛。

一品红全株有毒，其内含的白色汁液能使接触者全身红肿，如果误食茎、叶可能导致死亡。

一品红

夹竹桃枝、叶及树皮中含的夹竹桃苷，毒性也不小，误食几克重的这种物质就能引起中毒。

黄杜鹃的植株和花均含有毒素，误食会中毒。

五色梅的花、叶有毒，误食会引起腹泻、发烧。

有一些植物是不宜摆放在室内的，比如：含羞草、夹竹桃、郁金香、一品红、洋绣球、夜来香、花叶万年青、水仙、滴水观音、紫荆花、曼陀罗花、黄花杜鹃、松柏盆景、五色梅、接骨木等，因为它们会散发出一些有害物质。

夹竹桃的茎、叶乃至花朵都有毒，其气味如闻得过久，会使人昏昏欲睡，智力下降。

夜来香在夜间停止光合作用后会排出大量废气，这种废气闻起来很香，但对人体健康不利。如果长期把它放在室内，会

引起头昏、咳嗽，甚至气喘、失眠。

郁金香花中含有毒碱，人和动物在这种花丛中待上2～3小时，就会头昏脑涨，出现中毒症状，严重者还会使毛发脱落，因此家中不宜栽种。

松柏所散发出来的芳香气味对人体的肠胃有刺激作用，如闻之过久，会影响人的食欲。对于孕妇影响更大，会让人感到心烦意乱，恶心欲吐，头晕目眩。

六、植物的金牌选手

生命女神，在你的花篮里，有哪些是了不起的世界冠军？

那可是太多啦！跟我来吧，下面介绍几位金牌选手给你认识。

1. 最大的花——大王花

如果让萌爷爷在生命女神的花篮里选一种奇特的植物，那一定是大王花。

大王花有一张非常鲜艳美丽的面庞，可以说它没有身体，只有一张大脸，大脸上有一张很大的嘴。它先用美丽面容诱惑路人，当人们走近欣赏它的美丽、抚摸它肉质的花瓣时，巨型

花朵就会突然张开嘴，把人吸入花蕊，那里正好是一个大罐子……恐怖吧？这只是萌爷爷编的故事，其实世界上还没有可以吃人的花。

大王花真是一种很奇特的花朵。首先，它是世界上最大的花朵，最大的花朵直径可达 1.4 米，一朵花有 6 ～ 7 千克重，最大的花可达 10 千克重。

这么大的花要有多长的根、多大的茎和叶子来相配呢？告诉你吧，大王花的全身就一朵大花，没有根茎叶。

那大王花是从哪里吸取营养、开花结果的呢？

大王花是一个小偷，是一种肉质寄生草本植物。它靠寄生在葡萄类的藤本植物上获取营养生长，吸取营养的器官退化成菌丝体状，侵入宿主的组织内，一生只开出一朵奇大无比的花朵，然后结一个球形的半腐烂状的果实，里面是无数肉眼看不清的微小的种子。

大王花的生长地由于没有四季之分，在一年中任何时候它

都会冒芽，每年5～10月，是大王花的主要生长季。当它刚冒出地面时，大约只有乒乓球那么大，经过几个月的缓慢生长，花蕾变得像甘蓝菜般大小，接着5片肉质的花瓣缓缓张开，等花儿完全绽放，已经过了两天两夜了。

花朵一旦盛开，只持续4～5天就枯萎了，慢慢变成一摊黑色的腐烂物，种子就在这摊腐烂物中形成。

大王花的红色花瓣上还有漂亮的斑点，花瓣有30～50厘米长，宽约20厘米。在5朵又肥又厚的花瓣中央有一个圆口大蜜槽，高约30厘米，直径约33厘米，像一个面盆，可盛5～7千克的水。

大王花的花朵十分美丽，在刚开花时还有点儿香味，后来便臭不可闻了，散发出像动物尸体腐烂的气味，所以它也有一个难听的名字——腐尸花。这种臭味引来了逐臭的苍蝇和昆虫为其传粉。

有趣的是，大王花还有雌雄之别。雄花多数有5枚雄蕊，没有花丝。雌花由数枚合生心皮组成花蕊。成功授粉的雌花会在之后的7个月内，逐渐形成一个半腐烂状的大如足球的果实。

大王花的种子非常微小，用肉眼几乎难以辨别，且带有黏性。它们常粘在大象等动物的脚下，由它们带到各地去安家落户。

1997年沙巴野生保护法令出台，大王花被列为保护植物。

16种大王花的品种皆生长在东南亚一带，海拔500～700米的热带雨林中。

2. 最大的叶子——王莲

一片莲叶上坐着一个五六岁的小孩，这样的奇景你见过吗？

在南美亚马孙河流域上，就生长着这样一种硕大无朋的莲叶。

这种莲叶的直径可达 3 米以上，叶的边缘向上卷起，活像一个大木盆。它就是世界上的莲中之王——王莲。

王莲的叶子里有许多充满气体的洼窝，使其具有很大的浮力。有人做过试验，在叶片上均匀地铺上 75 千克重的沙子，它也不会沉没。

王莲叶片正面呈淡绿色，十分光滑；背面土红色，密布中空而坚实的粗壮叶脉和刺毛，能防止水生动物对它的侵害。

王莲的花美丽而巨大。每年八月，探出水面的花蕾就开放了。花的样子很像荷花，但比荷花大多了。花朵直径可达 30 ～ 40 厘米，一般每朵花可开放三天左右，暮开朝合，且花色随时间变化而变化。第一天，傍晚开放，花呈乳白色，第二天早晨才闭合。

王莲在第二天傍晚重新开放，但颜色会变为淡红色，第三天会变为深红色或紫红。

王莲靠种子繁殖，花开后两三天内就凋谢了，果实成熟后会坠入水中。成熟的王莲果实有300多颗种子，种子大小如莲子，可以食用，当地人称之为“水玉米”。

生命女神赐予王莲很了不起的能力。它的叶和花都具有自动调节温度的功能，王莲叶内含有一种调节叶面和叶背温度的物质，可将光辐射能转为热能，将叶背温度提高，使叶上、下

两面的温度一致。它的叶脉及刺毛则能散热，可以避免强光照射将叶面晒焦。而王莲花心的温度要比四周气温高十几摄氏度，其中的奥秘还有待探索。

王莲以巨大的盘叶和美丽浓香的花朵而著称，观叶期 150 天，观花期 90 天，若将王莲与荷花、睡莲等水生植物搭配布置，将形成一个完美、独特的水体景观，让人能够充分观赏水生植物独特的美。

如今，王莲已是现代园林水景常见的观赏植物，也是城市花卉展览中必备的珍贵花卉，具有很高的观赏价值。

3. 最长命的叶子——百岁兰

生命女神的花篮里，有一种地球上举目无亲的植物，植物学家只好给它单立门户。它就是百岁兰科百岁兰属唯一的植物品种——百岁兰。它是世界上唯一永不落叶的珍稀植物。

百岁兰默默地在地球上生长了几千万年都不为人所知，直到1859年，奥地利探险家、植物学家弗雷德里希·威尔维茨在非洲安哥拉的沙漠里发现了它。因此，百岁兰的英文名字也是以他的名字命名的。

百岁兰的学名为梵语Vanda，意为挂在树上的兰花。而在中国把它音译为“万代”，也叫万代兰，取其有顽强的生命力之意，寓意事业千秋万代，永远相传。

百岁兰生长在非洲的热带沙漠里，它的叶子可存活百年以上，是世界上寿命最长的叶子。这种植物的一生只长两片叶子，但每一片叶子都可以活百年甚至千年时间，所以算是植物界的老寿星。

百岁兰在有恐龙的时候就已经存在了，是植物界的活化石。在经历了地球多年的气候、地质的变化后，那些和它一样起源于中生代或者更久远的大部分植物已经灭绝，存活下来的那一

小部分只生长在地球上很小的范围之内。

百岁兰原产于非洲大沙漠，纳米比亚西南部一个狭长干燥的地带。

在不下雨的日子里，沙漠里的空气干燥，风沙侵蚀，以致使这两片叶子失去了原有的风采，叶肉部分都枯干了，只剩下一些叶纤维，像一堆绳子一样堆放在那里，远远望上去，像一只野兽，也像一个怪人。

它们能够忍耐极为恶劣的环境，大部分百岁兰生长于距离海岸 80 千米的多雾区域，不下雨的日子里，雾气是它们水分的主要来源。

生命女神赐予百岁兰的叶子百年不凋，让百岁兰的叶子里分布有许多特殊的吸水组织，能够吸取空气中的少量水分。百岁兰的根又直又深，便于从地下吸收到水分，因此它不怕干旱，一旦雨水来临，它们就可以猛吸水分，一年到头都保持着生命的活跃状态。

百岁兰

百岁兰植株低矮，外形奇特。它的高度很少超过 50 厘米，直径可达 1.2 米，茎干周长约 4 米；叶片特别大，叶的基部可持续生长，顶部则逐渐枯萎，常破裂至基部而形成多条窄长带状。

百岁兰雌雄异株。雌株有很大的雌球果，雄株有雄花，每一朵雄花有 6 个雄蕊。一般的雌株可以结 60 ～ 100 个雌球果，种子约一万粒。

国际植物学把百岁兰列为世界八大珍稀植物之一。

4. 最长寿的植物——龙血树

谁是世界上年龄最大的植物寿星呢？

经科学家们考证，红杉、猴面包树、澳大利亚桉树均可活到4000多岁，“世界爷”巨杉已活了5000多岁，但这些都不是植物中年龄最大者。

1868年，著名的地理学家亚历山大·冯·洪堡德在非洲俄尔他岛考察时，发现了一棵年龄已高达8000多岁的植物老寿星。

这棵树被刚发生的大风暴折断了，通过对树干断裂处的年轮考证，查出了它的准确年龄。这是迄今为止人们知道的植物最高寿者。

这棵长寿树叫龙血树，树高18米，主干直径近5米，距地面3米折断处的直径也有1米。

龙血树是龙舌兰科、龙血树属乔木，树干短粗，表面为浅褐色，较粗糙，能抽出很多短小粗壮的树枝。树液深红色。叶蓝绿色，每片叶子长60厘米左右，宽约5厘米，剑形。

龙血树的花很小，颜色为白绿色，果实为橙色浆果。

龙血树原产于佛得角、摩洛哥、葡萄牙的马德拉群岛、西班牙的加那利群岛。

全世界共有 150 多种龙血树，中国南方的热带森林中有 5 种。龙血树生长十分缓慢，几百年才能长成一棵树，几十年才开一次花，因此十分珍稀。

龙血树目前已被我们国家定为三级保护植物。

龙血树受伤后会流出血色的液体，这种液体是一种树脂，也是一种名贵中药的原材料，中药名为“血竭”或“麒麟竭”，可以治疗筋骨疼痛。

古代人还用龙血树的树脂做保藏尸体的原料，因为这种树脂是很好的防腐剂。同时，它还是做油漆的原料。

龙血树的观赏价值也很高。它植株挺拔、素雅、朴实、雄伟，富有热带风情，大型植株可布置于庭院、大堂、客厅，小型植株和水养植株适用于装饰书房、卧室等。

龙血树喜阳光充足，也很耐阴，只要温度条件合适，一年四季均处于生长状态。但是，在室内养殖龙血树，应置于靠窗台的地方，过于荫蔽会导致叶片褪色变黄。

龙血树

5. 最高的植物——杏仁桉

树木的高矮是由树种的遗传基因决定的，同时也受到生长环境的影响和制约。世界上的树种虽然繁多，但是树高能超过50 米的并不多。

小伙伴们，谁能说出哪种树最高呢？

你可能会说是巨杉。巨杉从拉丁学名音译过来是“世界爷”，但论高度，它在树木界并不算最高。

科学家们认定，世界上有比巨杉高得多的植物——杏仁桉。

杏仁桉，可真是植物界里的长颈鹿，比所有的大树高出一大截。植物学家测得最高的杏仁桉高达 156 米，相当于 50 多层楼的高度。

杏仁桉的叶子有一种独特的气味，非常芳香，可用来炼制桉叶油。采一片杏仁桉的叶子在手里揉碎，可以闻到清新醒脑的桉树味。

杏仁桉属桃金娘科植物，树基很粗壮，最大的树径近 10 米；树干笔直向上，逐渐变细，没有什么枝杈，直到顶端才长出枝叶来；叶子长势奇特，一般树叶是表面朝天，而它的叶是侧面朝天，像挂在树枝上一样，与阳光的投射方向平行。这是

为了适应气候干燥、阳光强烈的环境，减少阳光直射面积，防止水分过分蒸发。

杏仁桉树干笔直、树基粗大，树根扎得又深又广，可防止大风把树刮倒。

根深蒂固，杏仁桉吸水量特别大，有“抽水机”之称。它吸的水多，蒸发的水也多。据科学家测定，一棵巨大的杏仁桉每年可以蒸发掉175吨的水，真是惊人。

于是，人们把杏仁桉树种在沼泽地区，利用它“抽水”的特性来吸干沼泽，开垦出新的土地。

沼泽地变成了干燥地，蚊子没有了繁衍的环境，从而防止了疟疾传播，杏仁桉也被当地人称为“防疟树”。

杏仁桉虽然高大，可是它的种子却小得可怜，20粒种子合起来，不过米粒般大小。不过这些种子生长起来却极快，五六年后就能长成高10多米、胸径40多厘米的参天大树。

杏仁桉体形庞大，对生长环境要求很高，在澳大利亚等国家分布比较广泛。那么杏仁桉能在中国种植吗？当然可以，只要生长环境、气候温差等适合杏仁桉就可以生长。

杏仁桉长得快，木材也很优秀，是制造车、船，做家具、地板的好材料。

杏仁桉还能提炼出有价值的鞣料和树胶。它的叶子有一种特殊的香味，可用来炼制桉叶油，有疏风解热、抑菌消炎、止痒的医疗作用。桉叶糖的主要原料之一，就是桉叶油，有清凉止咳的功效。

我们熟知并常用的清凉油，里面除了含有大量的薄荷油外，还含有大量的桉树油醇。

6. 最古老的树——银杏

在生命女神的花篮里，银杏树总是以它挺拔俊秀优雅的气质获得人们的喜爱。

春天，银杏树长出了嫩芽，犹如新生儿伸出的小手指，弱小而充满活力。夏天，银杏树用它强壮的身躯、浓密的绿叶给人们留下阴凉。秋天是银杏树最美的季节。随着天气变凉，银杏树叶慢慢变黄，只等一日风起，满天金蝶飞舞，沉落一地金黄，满眼金光灿烂。每当这个时候，萌爷爷都会与小孙女星儿一起收集一些银杏叶，可以在叶上作画，可以拼贴图画，做成书签……

银杏是世界上现存的最古老的树种之一，3.45 亿年前就出现在了地球上，被誉为植物王国的“活化石”。现在生长的银杏是古老银杏家族的幸存者。银杏忠实地保留着亿万年前祖先的模样，它的扇形带凹缺的叶片有时深裂为二，与化石里发现的一模一样。

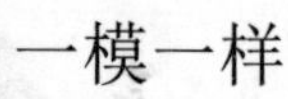

银杏为中生代孑遗的稀有树种，系我国特产，仅浙江天目山有野生状态的银杏树，生长于海拔 500 ～ 1000 米、酸性黄壤、排水良好地带的天然林中，常与柳杉、榧树、蓝果树等针阔叶树种混生，生长旺盛。

银杏的栽培区就很广泛了。北自沈阳，南达广州，东起上海，至西南的四川、贵州、云南腾冲，凡是海拔 2000 米以下地带，均有栽培数百年或千年以上的老树。

银杏在朝鲜、日本及欧美许多国家的庭院都有栽培。

银杏树为高大落叶乔木，躯干挺拔，树形优美，抗病害力强，耐污染力高，寿龄绵长，可达数千年。它以其苍劲的体魄、独特的性格、清奇的风骨、较高的观赏价值和经济价值，受到世人的钟爱和青睐。

银杏树是我国成都市和丹东市的市树。

在中朝边境城市，美丽的丹东，有着上千年的银杏树栽培历史。20 世纪 30 年代初，丹东就把银杏树移植于街路两旁。

丹东是亚洲国家拥有百年以上银杏树最多的城市。丹东大孤山寺庙中的一棵银杏树树龄达 1300 多年，树高 35 米，其果实每年都达数百千克。在丹东市区的大街小巷和公园内，分布着相当数量的 300 ～ 500 年树龄的银杏树，市区的主要街路，几乎都被百年以上的银杏树所覆盖。

银杏树又名白果树、公孙树，其果实和叶子均有很高的药用价值和食用价值。

银杏树是一种很有内涵、充满神秘感的大树，它沉稳而优雅，古朴而坚强。

银杏树的寿命极长。一株银杏照料得当的话，甚至可以活上几十个世纪。在这斗转星移的数千年间，银杏慢慢储存力量，渐渐长大，从幼苗出土到开花结果通常需要20年的时光。

银杏作为少有的雌雄异株植物，主要靠风来传媒授粉。单独可以存活，但是不能繁衍后代，所以往往在一棵开花的雌树不远处总会有一棵默默守护的雄树。它们相濡以沫，相依为命。

大家都非常熟悉银杏叶、银杏果，有谁见过银杏花吗？

银杏树的花并不是真正意义上的花，没有花萼和花冠。

雄树上的花，是一簇簇与新叶一样嫩绿色的柔荑丝，丝上有花粉。

雌树开的花就更不显眼了，在新发出的嫩绿小叶丛中长出一根稍长一点儿的柄，顶端常分两个叉，各生一胚珠。这花与树叶一样是嫩绿色的，还没有绿豆大。

7. 最长的植物——白藤

有一首歌唱道：世上只见藤缠树呀，世上哪见树呀缠藤……

藤是一种植物，身子又细又长。长长的藤条自己立不起来，于是就缠着树往上爬。这就是藤缠树。

藤可有用了！瞧，我们坐的藤椅、用的藤制家具、摆放的藤制艺术品……把我们的生活带入大自然中。

对，森林中，猴子可以拽着藤条荡秋千，人们可以抓住藤条爬上悬崖，藤条还可以编成结实的吊桥，让人过河……

最长的藤叫白藤，是棕榈科藤本植物，茎很细，直径仅 4 ~ 5 厘米，但却很长。

一般的白藤长 200 ~ 300 米，最长的可达 400 米，在世界上的植物中，没有哪个比它更长了。

400 米的白藤，可以围着我们的运动场绕一圈，真是很壮观呢。

白藤产于热带、亚热带的森林中，茎干有小酒盅口那样粗，有很

长的节间。它的顶部长着一束羽毛状的叶，叶面长尖刺，茎的上部直到茎梢又长又结实，还长满又大又尖往下弯的硬刺。

它像一根带刺的长鞭，随风摇摆，一旦碰上大树，就紧紧地攀住树干不放，并很快长出一束又一束新叶，然后就顺着树干继续往上爬，而下部的叶子则逐渐脱落。

白藤爬上大树顶后，还是一个劲儿地长，可是已经没有什么可以攀缘的了，于是它那越来越长的茎就往下坠，把大树当作支柱，在大树周围缠绕成无数怪圈。所以人们给它取了个绰号叫“鬼索”。

哈，真可怕呀，大树会不会被缠死？

这还真是很难说呢。

垂下来的茎顶随风飘荡，如果碰上别的树木，它就会用向下弯的硬刺钩住，沿树干向上爬到这棵大树的顶端，之后它的茎顶再垂下来寻找新的支撑物。就这样，落下来又爬上去，爬上去又落下来，弯曲缠绕就成了世界上最长的藤了。

白藤可以入药，全年都可以采收，鲜用或切段晒干。

白藤还可以编制各种各样的工艺品，坚韧光滑，美观大方，结实耐用。

中国海南岛是白藤的主产区，大家可以到海南省的植物园中去目睹白藤的风采。

8. 最重和最轻的木

萌爷爷先给你们讲一个有趣的故事吧。

有一天，有个人到森林中去伐树。他选中了一棵大树，举起电锯就锯，突然，电锯折断了，大树一点儿伤痕也没有。

他丢掉锯子，拿起斧子便砍，一斧子砍下去，斧子跳起来，把他的头打了个大包。

“有鬼！”伐木者吓得丢掉斧子逃出了森林。

你们猜一猜，这是为什么？

其实呀，根本没有鬼，那人是碰到蚬（xiǎn）木了。

蚬木是一种像钢铁一样坚硬的木头，是椴树科植物，生长在广西、云南的森林中，是热带石灰岩山地的特有植物。

如果把这种木头放到水里，它马上会沉到水底。

蚬木的年轮很特别，一边宽一边窄，很像蚬贝壳上的花纹，所以叫蚬木。

蚬木是珍贵的

树木，木纹很漂亮，可以经过几百年而不变形，不开裂，耐水耐腐。蚬木是机械、特种建筑和制造大船、小汽车、高级家具、大房子的最好的木头，也是制作砧板的好材料。

蚬木一般能长到10米左右高。在广西龙州县有一棵大蚬木，已经四五百岁了，高达40米，主干直径有1米多。

为什么蚬木这么重？

蚬木除了生长十分缓慢、纹理致密外，它多生于石灰岩山地，生命女神赐予它的特殊本领，可以让它把根深深地扎进岩缝中，吸收钙质矿物，聚集在木质中，因而变得格外坚硬。

因为蚬木很珍贵，以致大量的大树被砍伐，小树也被砍来做农具的手柄。

蚬木不但很珍贵，还有较重要的研究价值，被列为我们国家二级保护植物。

说了最重的木头，我们再来说说最轻的木头。在生命女神的花篮里，最轻的树木名字就叫轻木。

未经加工的轻木每立方米仅重 115 千克，普通的树木每立方米的重量是 400 ～ 800 千克，这种轻木在干燥之后每立方米重量仅为 8.1 ～ 10.8 千克，是名副其实最轻的木材。

一棵轻木树干一个人就可以轻松挪走，因为它的密度比做软木塞子的栓皮栎还要小一半，是世界上最轻的树木。

用轻木做筏子，浮力特别大，装载的东西特别多。

轻木也是世界上长得最快的树种之一，一年就可以长到五六米高，十年生的轻木则高达 16 米。

轻木除了可以做筏子外，还可以做隔音设备、绝缘材料、救生用品、飞机上的设施等，因为它不但极轻，而且隔热还隔音。

轻木真是一种具有特别功能的好木材。

感谢生命女神伟大的创造！

生命女神花篮里的故事讲完了，萌爷爷希望小朋友能对植物产生浓厚的兴趣，爱上这道美丽的风景，将来去探索、去发现、去研究更多的植物秘密。

想一想，如果将来人类离开地球生活，我们会带什么植物一道去太空城呢？

如果在太空家园，植物将会怎样生存，怎样发育呢？

你想培育出一种新的好吃好看好玩的水果或蔬菜吗？

你想培育出一棵能长到天上去的大树吗？

你想过植物可不可以倒着生长？长到地心里去？一棵倒着生长的大树会是什么样子呢？

哈哈，太有趣了，萌爷爷真想知道答案。这些问题只有让你们来告诉萌爷爷啦。

读完《植物这道美景》，如果你对这本书有兴趣、有疑问，可以与萌爷爷一同来探讨。

21 世纪是生命科学的世纪，植物是人们生活中不可或缺的好朋友。大家要多读书，多思考，爱惜植物，热爱大自然，保护好我们的生存空间，让生活变得更加美好！

最后，萌爷爷祝小朋友们阅读快乐！